KB217269

7일 만에 끝내는
중학 과학

스피드 공부법 SERIES 1

이해를 돕기 위한 300여개의 풍부한 **일러스트와 사진**

개념과 원리로 이해되고 암기되는 중학과학

Day 5 화학

Day 4 생명과학

강에리 | 이혜식 지음

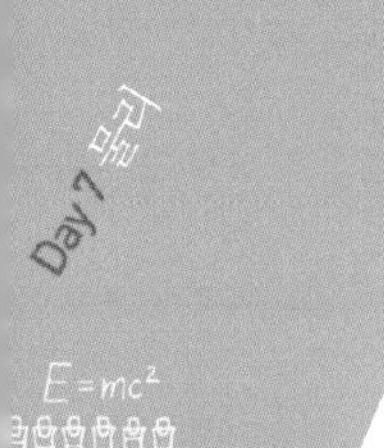

7일 만에 끝내는 중학과학

Day 3 생명과학

문예춘추사

머리말

"창의적 · 통합적 · 융합적 사고를 해야 한다."

요즘 유행처럼 쓰이는 말입니다. 모두가 입을 모아 강조하고 수긍하는 이야기이지요. 하지만 현실 속에서 우리 아이들은 학교라는 울타리 안에 들어서는 것과 동시에 성적을 위한 주입식 공부를 시작합니다. 자신도 모르는 사이에 '획일적 사고'를 강요받게 됩니다. 특히 중학교에 입학하면서부터는 더욱 '성적 향상'이라는 목표만을 위해 매진하는 것이 현실입니다. 이렇게 주입식 교육에 익숙해진 학생들은 학년이 올라갈수록 과학을 어렵고 두려운 과목이라고 생각하게 됩니다. 그렇다고 과학을 포기할 수는 없습니다. 앞으로 다가올 수능에 영향을 미치게 될 테니 과학은 단순히 지금의 성적을 높이기 위해 공부해야 하는 과목이 아닌, 미래를 바라보며 공부해야 하는 과목이 되는 것이지요. 사실 아이들은 초등학생 때까지 과학을 너무나 좋아합니다. 과학 관련 책도 많이 읽습니다. 제일 재미있는 과목이 무엇이냐고 물어보면 과학이라고 대답합니다. 그런 학생들이 중학교에 올라오면 과학은 평균을 깎아먹는 과목이 되고 맙니다. 도대체 왜 과학을 배워야 하는지 모르겠다며 싫어하는 과목 중의 하나로 이름을 올립니다. 초등학교 때는 그토록 재미있던 과학이 학년이 올라갈수록 어려워지는 이유에는 첫째, 원리를 이해해야 풀리는 문제들이 많아집니다. 둘째, 원리를 이해한 후에도 암기해야 할 공부의 양이 많아집니다. 이제 과학은 놀이로 여겼던 흥미로운 과목이 아니라, 주입식 암기 과목이 되어버린 것이지요. 수 년간 중 · 고등학생을 가르치며 가장 안타깝게 생각했던 점이 바로 이것입니다. 우리 아이들에게 과학이 얼마나 흥미로운 이야기인지 깨닫게 해줄 수 있다면, 그래서 스스로 과학의 재미를 찾을 수 있다면, 강요하지 않아도 성적은 자연스럽게 올라갈 수 있을 텐데……. 그래서 저희는 이 책을 통해 본격적으로 과학 공부를 시작하는 중학생 때부터 과학에 대한 두려움을 없애고 과학을 이해하면서 느끼는 재미가 어떤 것인지 아이들에게 보여주고 싶었습니다. 초등학생 때 가졌던 과학에 대한 흥미와 관심을 그대로 이어지게 하고 싶었습니다. 또한 없었던 재미도 가지게 되어 성적과 이어지게 만들고 싶습니다. 《7일 만에 끝내는 중학 과학》은 수 년간 학생들과 함께 호흡하며 쌓아온 노하우를 녹여 아이들이 재미있고 쉽게 과학에 접근할 수 있도록 스토리텔링 방식으로 저술한 책입니다. 과학에서 배우는 지식들은 머나먼 곳에 떨어져 있는 나와 전혀 상관없는 이야기가 아닌, 나와 가장 가까이 있는 내 주위의 이야기입니다. 내 주위의 것들에 대해, 나에 대해 공부하면 과학도 자연스럽게 따라오게 될 것입니다. 굳이 암기하려 애쓰지 않아도 편안하게 이 책을 읽다보면 개념이 저절로 머릿속에 남게 될 것이라고 생각합니다. 《7일 만에 끝내는 중학 과학》을 통해 과학의 흥미와 기초를 함께 다지고, 우리 아이들이 꿈을 이루어가는 데 작으나마 도움이 되기를 바랍니다.

이혜식, 강에리

목 차

1일

지구과학(1)

우주는 어떻게 만들어졌을까?

2일

지구과학(2)

아름다운 우리 지구!

3일

생명과학(1)

우리 몸이 교과서! 동물!

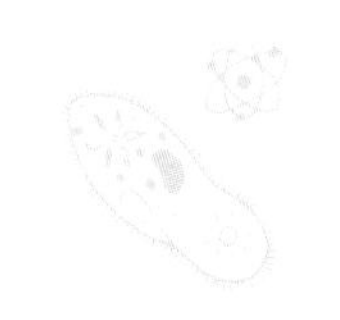

생명과학(2)

혼자서도 잘해요! 식물!

5일

화학

신비로운 화학 여행

6일

물리(1)

아는 만큼 보인다! 빛, 전기, 자기장!

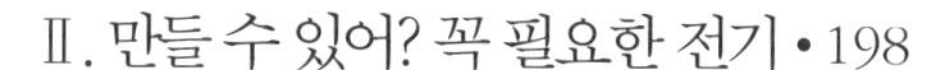

물리(2)

놀이공원이 학교? 힘과 운동!

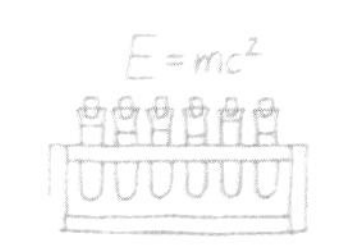

우주는 어떻게 만들어졌을까?

혜식쌤의 한마디!

여러분은 초등학생 때 태양계 가족에 대해서 공부했었죠?
태양을 중심으로 태양의 주위를 뱅뱅 도는 행성들까지.
중학교 과정에서는 태양계에 대해 좀 더 깊이 있게 공부할 뿐만
아니라 태양계 저 넘어 신비롭고 드넓은 우주를 만나게 돼요. 우주는
어떻게 만들어졌는지부터 성단, 성운, 우리 은하 등을 공부하게 되지요.
신기하고 재미있는 우주 이야기를 읽다 보면 시험에 꼭! 나오는
중요한 내용도 스르륵 알게 돼요. 자! 그럼 지금부터 우주의 매력에
풍덩 빠져볼까요?

1 빅뱅을 아시나요?

"한류 스타 빅뱅을 아시나요? 그리고 빅뱅의 뜻도 혹시 알고 있나요?"

빅뱅의 뜻은 영어로 'Big Bang'으로 '큰 꽝'이랍니다. 또는 아시아의 스타 빅뱅이 아니라 '우주의 시작! 빅뱅'을 말하는 거예요. 우주와 수많은 별들, 은하와 태양, 지구는 어떻게 생겨난 것일까요? 수많은 과학자들은 그 우주의 시작이 궁금했는데, 어느 날 등장한 미국의 천문학자 허블의 천문 관측을 통해 엄청난 사실을 알게 되었습니다. 첫 번째는 안드로메다 은하가 우리 은하 안에 있는 천체가 아니라 우리 은하처럼 독립된 은하라는 사실이었고, 두 번째는 우주가 계속 커지고(팽창하고) 있다는 사실이었습니다. 이 두 가지 관측 사실이 우주의 시작, 그 비밀을 밝히는 열쇠가 되었습니다. 그럼 지금부터 그 비밀의 문을 열어볼까요?

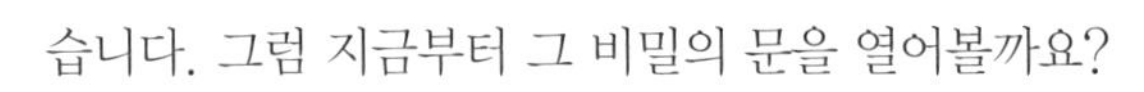

1. 우주의 시작 : 빅뱅

과거에는 태양, 지구, 달 등이 포함되어 있는 우리 은하가 우주의 전부라고 생각했습니다. 그리고 우리 은하와 가장 친한 안드로메다 은하는 우리 은하 안에 있는 성운(별들 사이에 있는 먼지나 가스)이라 생각했습니다. 지구에서 관측할 때 뿌옇게 보여, 마치 구름처럼 보인다고 '성운'이라 불렀습니다. 하지만 허블이 안드로메다 은하가 성운이 아닌 우리 은하 밖에 존재하는 또 다른 하나의 은하라는 사실을 발견하면서, 우주에는 우리 은하뿐만 아니라 수많은 다른 은하가 존재한다는 사실을 알게 되었고, 이 은하들을 외부 은하라 불렀습니다. 또, 외부 은하들은 서로 멀어지며 우주는 점점 팽창을 하고 있다는 것을 알게 되었습니다.

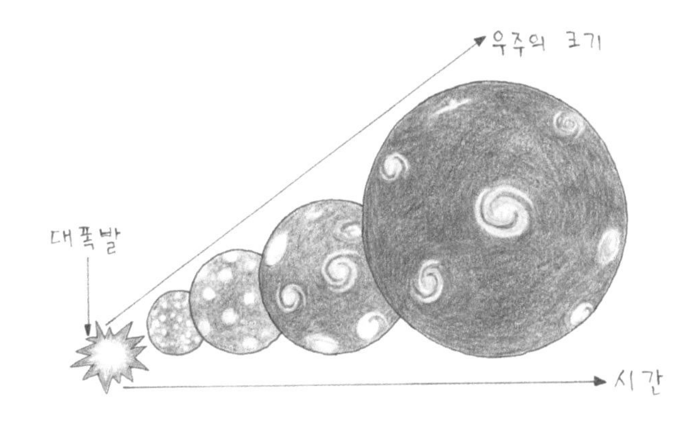

우주가 팽창한다는 사실을 알게 된 사람들은 이제 우주의 시작에 관심을 갖게 되었습니다. 그 때 러시아 출신 미국의 천문학자 가모브는 우주가 팽창하고 있다면 과거에는 현재보다 더 작았을 것이고, 그렇게 작아지다보면 한 점에 도달하게 되는데, 우주는 그 한 점에서부터 시작되

었다고 주장했습니다. 그리고 약 137억 년 전 우주의 모든 물질과 에너지가 모인 한 점에서 대폭발(빅뱅)이 일어났고, 폭발과 함께 물질뿐만 아니라 시간, 공간, 에너지가 생겨나면서 우주가 형성되었다는 빅뱅 우주론을 제안했습니다. 빅뱅 우주론에서는 빅뱅 직후부터 우주가 팽창하기 시작했고, 우주가 팽창하면서 온도는 점점 낮아지고 양성자, 중성자, 원자핵, 원자와 같은 입자들이 생겼고 이 원자들이 모여 별이 되었다고 합니다.

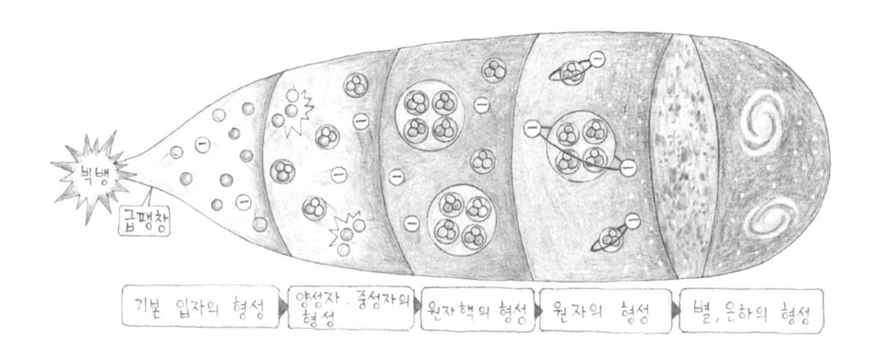

 **핵심 정리**

- **순서** 허블의 외부 은하 발견 → 허블의 우주 팽창 → 가모브의 빅뱅 우주론
- **빅뱅 우주론** 모든 물질과 에너지가 모인 한 점의 대폭발에 의해 우주가 형성

개념 풀이

혜식이는 책을 읽다가 우주는 점점 팽창하고 있으며, 우주속 은하들은 지금도 서로 점점 멀어지고 있다는 사실을 알았습니다. 그리고는 풍선을 불어 풍선에 스티커를 붙이고, 풍선을 더 크게 불었습니다.

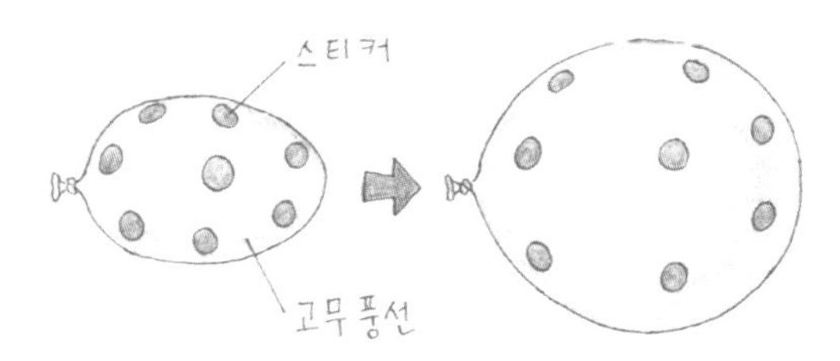

1. 풍선을 우주라고 가정할 때 스티커는 무엇에 해당할까요?

[답 : 지구과학 1–1]

2. 혜식이는 부풀어 오르는 풍선을 통해 무엇을 확인할 수 있을까요?

[답 : 지구과학 1–2]

2. 별과 은하

"심심풀이로 보는 별자리 성격! 이런 것 해본 적 있나요?"

혜식쌤은 사자자리인데 '일 정말 좋아함, 잘 웃음, 감정을 못 숨기고 연애를 잘 못함 등'이라고 하네요. 심심풀이로 보는 것인데 은근히 잘 맞아서 깜짝 놀랐습니다. 별자리는 사자자리, 처녀자리, 쌍둥이자리 등이 있는데, 이 이름들은 여러 개의 별을 묶어 신화 속의 인물이나 동물들의 이름을 따서 붙였습니다. 그런데 이런 별은 대체 어떻게 만들어졌을까요?

(1) 별의 탄생

"우주에서 가장 아름다운 별, 지구. 그런데 지구는 정말 별일까요?"

과학자들은 스스로 빛을 낼 수 있는 천체를 별이라고 합니다. 지구는 스스로 빛을 낼 수는 없으므로 별이 아닙니다.

"그러면 태양은? 태양은 별일까요?"

태양 빛이 밝고 따뜻한 것은 태양이 스스로 빛을 내고 있기 때문입니다. 그러니까 태양은 지구에서 볼 수 있는 가장 밝은 별입니다.

"그런데 이런 별은 어떻게 만들어질까요?"

별은 성운 속에서 만들어집니다. 성운은 수소, 먼지, 가스와 같은 물질들이 많이 모여 있는 것을 말하는데 이 성운 속에서 별이 탄생합니다. 성운 속에는 수소가 가장 많은데 이 수소들이 똘똘 뭉치면 온도가 높아집니다. 더 단단하게 뭉칠수록 온도가 더 높아지는데 이런 현상을 유식하게 '중력 수축에 의해 온도가 상승한다.'고 합니다. 중력 수축에 의해 온도가 1000만 K(켈빈) 이상(어마어마하게 높은 온도입니다.)이 되면 수소가 헬륨으로 변신하게 되는데, 이것을 수소 핵융합 반응이라고 합니다. 별은 이런 수소 핵융합 반응에 의해 스스로 빛을 냅니다. 그러니까 태양도 지금 수소 핵융합 반응을 하고 있고, 이 때 만들어낸 빛을 우리가 쬐고 있는 거예요.

(2) 성운과 성단

성운은 앞에서 공부했죠? 수소, 먼지, 가스와 같은 물질들이 많이 모여 구름처럼 보이는 천체를 성운이라고 합니다. 성운들은 생김새도 성질도 모두 다른데, 어떤 성운은 주위의 별 빛을 반사시키는 성질이 있어서 '반사 성운'이라고 하고, 어떤 성운은 스스로 빛을 낸다고 '방출 성운' 혹은 '발광 성운'이라고 부릅니다. 또 어둡게 보이는 '암흑 성운'도 있습니다. 이 성운들의 종류는 학교 시험에도 매우 자주 나오므로 꼭! 기억해두기 바랍니다.

방출 성운 반사 성운 암흑 성운

별은 성운에서 탄생한다고 했죠? 그런데 엄청 큰 성운이 있다고 생각해봐요. 그 큰 성운에서 별이 달랑 한 개 만들어진다면 너무 시시하지 않아요? 사실 엄청 큰 성운에서는 별이 하나가 아니라 수백 개 ~ 수십 만 개 이상의 별이 함께 만들어지기도 합니다. 이렇게 하나의 성운에서 함께 만들어진 별들은 무리를 지어 모여 있습니다. 이런 별의 집단을 '성단'이라고 합니다. 성단에는 수백 ~ 수천 개 이상의 별들이 듬성듬성 모여 있는 산개 성단과 수십만 개 이상의 별들이 빽빽하게 모여 공 모양처럼 보이는 구상 성단이 있습니다.

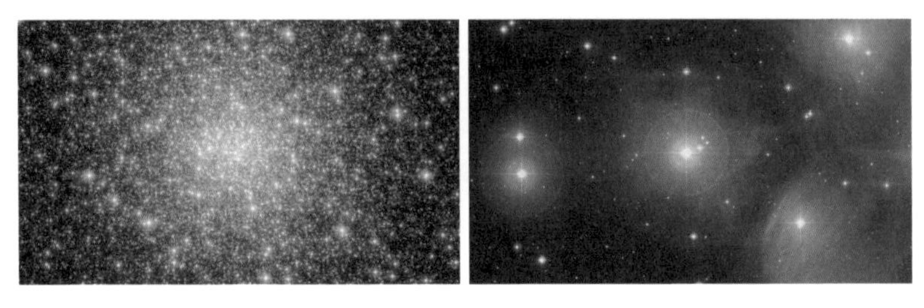

구상 성단　　　　　산개 성단

(3) 은하

"외계인이 정말 존재할까요?"

혜식쌤은 외계인은 꼭 있다고 믿습니다. 왜냐면 수많은 성간 물질, 성운, 별, 성단 등이 모이면 어마어마한 집단이 되는데 이런 별들의 대집단을 은하라고 하고, 우리 지구가 포함되어 있는 은하를 우리 은하라고 합니다. 그런데 우주에는 우리 은하와 같은 은하가 1000억 개가 넘으니까 우주에서 우리 지구는 사막의 모래알보다도 작은 것입니다. 상상해 보세요. 그 끝을 모르는 우주 어딘가에는 우주인이 있지 않겠어요? 물론 이것은 저만의 생각이랍니다.

어쨌든 이렇게 어마어마하게 많은 은하 중에 우리 은하를 제외한 나머지 은하를 외부 은하라고 하는데, 그 수가 엄청나다보니 생긴 것도 다양합니다. 그래서 모양에 따라 타원 은하, 나선 은하, 불규칙 은하 등으로 나누는데, 우리 은하는 나선 은하 중 막대 나선 은하에 속합니다.

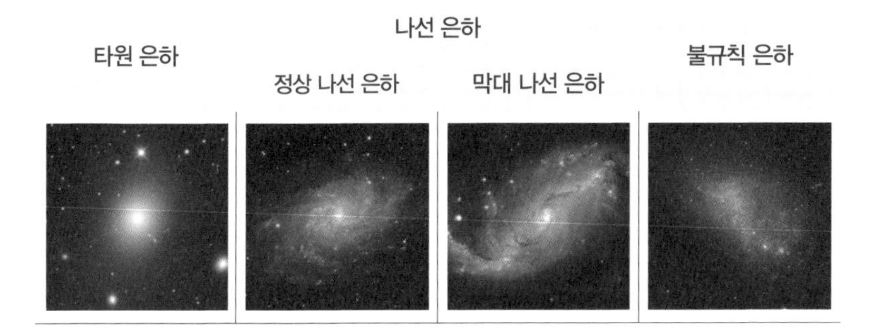

우리 은하는 우리 것이니까. 좀 더 자세히 알아볼까요? 우선 우리 은하를 옆에서 바라보면 원반 모양 혹은 비행접시처럼 생겼습니다. 우리 은하의 모양을 보고 상상 속 외계인이 타고 오는 비행접시 모양을 만들어낸 것은 아닐까요? 그리고 위에서 내려다보면 돌아가는 바람개비처럼 보이는데, 중심에 막대 모양이 있고, 막대 끝에서 나선팔이 뻗어 나와 휘리릭 감겨 있는 모습입니다.

위에서 본 모습

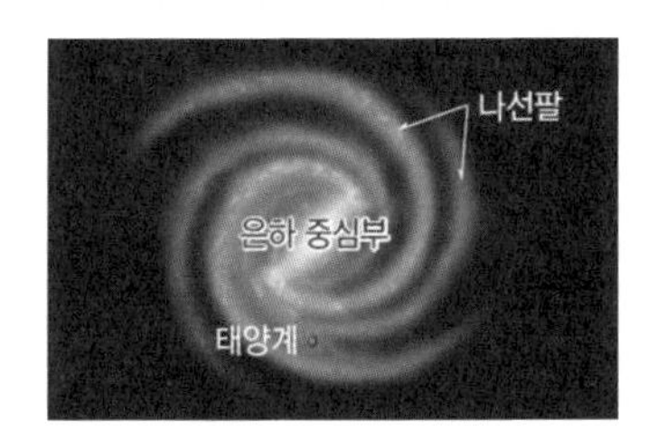

은하 중심부에 막대 모양이 있고, 그 끝에서 뻗어 나온 나선팔이 휘감고 있습니다.

옆에서 본 모습

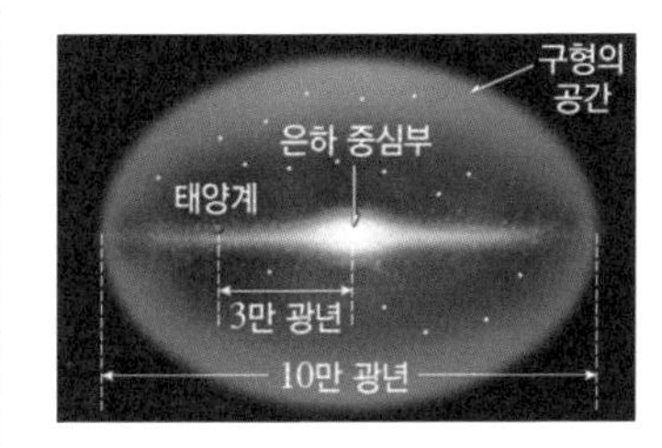

중심부가 볼록한 납작한 원반형입니다.

지구가 포함된 태양계는 우리 은하의 나선팔에 위치합니다. 여기서 잠깐! 여러분이 지금 읽고 있는 이 내용들은 학교 시험에 매우 자주 나온다는 사실을 알아두세요. 혜식쌤이 정리해 드릴테니까 꼭 기억하세요!

핵심 정리

☞ 성운

방출 성운	반사 성운	암흑 성운
주위의 별로부터 에너지를 흡수하여 스스로 빛을 내는 성운	주위의 밝은 별빛을 반사하여 밝게 보이는 성운	성간 물질이 뒤에서 오는 별빛을 가려 어둡게 보이는 성운

☞ 성단

구상 성단	산개 성단
•수만 ~ 수십만 개의 별들이 공 모양으로 모여 있는 성단 •나이가 많고, 붉은색으로 보입니다. •표면온도가 낮습니다.	•수십 ~ 수만 개의 별들이 엉성하게 모여 있는 성단 •나이가 적고, 파란색으로 보입니다. •표면온도가 높습니다.

☞ 우리 은하

모양	•위에서 본 모습 : 은하 중심부에 막대 모양이 있으며, 나선팔이 휘감고 있습니다. •옆에서 본 모습 : 중심부가 볼록한 납작한 원반형입니다.
지름	약 10만 광년
태양계 위치	은하 중심에서 약 3만 광년 떨어진 나선팔에 위치합니다.
구성	•구상 성단은 은하 중심부와 주변의 구형 공간에 주로 분포합니다. •산개 성단은 나선팔에 주로 분포합니다.

개념 풀이

1. 별들 사이에 먼지나 가스가 모여 마치 구름처럼 보이는 것을 성운이라고 합니다. 성운은 여러 종류가 있는데, 주위의 별로부터 에너지를 흡수해서 스스로 빛을 내는 성운은 무슨 성운일까요?

[답 : 지구과학 1-3]

2. 은하를 이루는 천체 중 수십 ~ 수만 개의 별이 엉성하게 모여 있는 별들의 집단을 무엇이라고 할까요?

[답 : 지구과학 1-4]

3. 은하는 모양에 따라 다양한 은하로 구분하죠? 그 중 우리 은하는 모양을 기준으로 볼 때 어떤 은하에 속할까요?

[답 : 지구과학 1-5]

3. 태양계

지금부터 지구가 포함되어 있는 태양계에 대해서 좀 더 자세히 알아보겠습니다. 앞에서 태양은 수소 핵융합 반응에 의해 스스로 빛을 내는 별이라는 것을 배웠습니다. 이렇게 태양과 같이 스스로 빛을 내는 천체를 '항성'이라고 합니다. 지구는 태양 주위를 빙글 빙글 돌고 있는데 이렇게 항성의 주위를 일정한 주기로 돌고 있는 천체를 행성이라고 합니다. 태양계에는 수성, 금성, 지구, 화성, 목성, 토성, 천왕성, 해왕성. 이렇게 8개의 행성이 있습니다.

(1) 태양계 행성

행성들이 태양의 주위를 원 궤도를 그리며 도는 현상을 공전이라고 합니다. 수성과 금성은 지구보다 안쪽 궤도에서 태양 주위를 공전하기 때문에 내행성, 화성 ~ 해왕성은 지구보다 바깥쪽 궤도에서 태양 주위를 공전하기 때문에 외행성이라고 합니다.

혹시 명왕성을 아시나요?

2006년 전까지만 해도 태양계 행성은 9개였습니다. 또 다른 하나의 행성이 바로 명왕성. 그런데 어쩌다 우리 명왕성은 행성의 그룹에서 쫓겨났을까요? 국제천문연맹(IAU)은 행성의 정의를 크게 3가지 조건으로 제시합니다.

① 태양 주위를 공전
② 충분한 질량과 중력을 가지고, 구 형태를 유지
③ 그 지역의 가장 지배적인 천체여야 한다.

그런데 2000년대 들어 명왕성의 위성으로 생각됐던 카론이 명왕성과 맞돌고 있다는 사실이 확인되면서, 명왕성이 행성이 되면 카론을 비롯한 제나, 케레스 등도 모두 행성이 되어야 했죠. 그러면 우리가 기억해야 할 행성의 수는 얼마일까요? 너무나 많아질거예요. 그래서 우리의 불쌍한 명왕성은 행성에서 쫓겨나게 됩니다. 그런데 최근 명왕성을 다시 행성 지위로 복원하자는 의견이 많다고 합니다. 앞으로 명왕성의 운명이 어떻게 될지 많은 관심을 가져주세요.

수성과 금성, 지구, 화성은 크기가 작은 행성들입니다. 이 네 행성들 중 대장은 누구일까요? 당연히 지구겠죠? 우린 지구인이니까요. 그래서 지구를 대장으로 하는 이 네 개의 행성을 지구형 행성이라고 합니다. 이에 비해 목성과 토성, 천왕성과 해왕성은 크기가 지구형 행성보다 훨씬 큽니다. 그 중에서도 목성이 가장 크기 때문에 이들의 대장은 목성입니다. 그래서 이 네 개의 행성을 목성형 행성이라고 합니다.

(2) 행성의 특징

우리는 우주에 대해 아는 것보다 알지 못하는 부분이 훨씬 더 많습니다. 인류는 끊임없이 우주에 관심을 기울이고, 우주를 알아내기 위한 도전을 하고 있습니다. 그래서 태양계 행성을 관찰하기 위해 각 행성으로 탐사선을 보냈습니다. 수성에는 메신저호, 금성에는 비너스, 화성에는 오디세이와 메이븐호, 목성에 갈릴레오, 토성에 카시니호, 천왕성과 해왕성에 보이저 2호, 그리고 명왕성에 뉴호라이즌스호까지. 이 기특한 탐사선들은 우리가 태양계를 좀 더 쉽게 이해할 수 있도록 많은 자료를 보내 주고 우주의 비밀을 풀 수 있도록 도와줍니다. 그럼 지금부터 우리가 알아낸 태양계 행성들의 특징들을 자세히 살펴볼까요?

지구형 행성은 표면이 단단해서 우주 탐사선이 착륙할 수 있습니다. 크기와 질량은 작지만 단단한 고체로 되어 있어 밀도는 큽니다. 지구를 짝사랑해 주위를 맴도는 달처럼, 행성의 주위를 도는 천체를 위성이라고 하는데, 지구형 행성은 위성이 없거나 수가 적습니다.

수성 : 수성에서는 우리 모두 날씬 쟁이!

태양에서 가장 가까운 수성은 크기도 질량도 중력도 지구보다 작습니다. (중력은 행성이 물체를 당기는 힘입니다. 행성이 물체를 세게 당기면 중력이 큰 것입니다. 그런데 같은 물체라도 중력이 크면 무게도 커집니다. 지구는 수성보다 중력이 크기 때문에 같은 물체의 무게는 수성에서보다 지구에서 더 크답니다.) 그래서 지구에서 1kg 중인 물체가 수성에서는 380g이 됩니다. 그렇다면 우리가 체중이 100kg이라 해도 수성에 가면 38kg이 됩니다. 완전 날씬 날씬 날씬 쟁이죠. 혹시 체중이 많이 나가 걱정이라면 수성으로 떠나보세요.

수성은 중력이 너무 작아 공기를 잡아둘 힘조차 없답니다. 그래서 수성은 공기, 즉 대기가 없는 행성입니다. 수성의 특징은 대부분 대기가 없기 때문에 나타나는 현상들이 많습니다. 예를 들어 대기가 없기 때문에 운석이 한 번 부딪히면 엄청 세게 부딪히면서 큰 운석 구덩이를 만듭니다. 또, 지구는 바람이 불죠? 바람은 공기가 흐르는 건데, 수성에는 대기가 없으니까 바람도 없습니다. 그래서 풍화, 침식이 일어나지 않고, 한 번 생긴 운석 구덩이가 없어지지 않기 때문에 큰 운석 구덩이의 수가 엄청 많답니다. 그래서 수성은 곰보 행성이에요. 또, 태양에 가까워서 낮에는 엄청 뜨거운데 밤에는 너무나 추워서 일교차가 매우 큽니다. 이것 역시 대기가 없기 때문에 나타나는 현상입니다. 이런 수성과 이란성 쌍둥이 같은 천체가 바로 달이랍니다. 수성의 특징은 달의 특징과 거의 같아요.(물론 달은 행성은 아니고, 지구의 주위를 도는 위성인데, 성질이 수성이랑 비슷합니다.) 그럼 수성의 특징을 정리해 볼까요?

핵심 정리 : 수성

- 대기가 없어 풍화, 침식 작용이 없습니다.
- 운석 구덩이가 매우 크고, 많습니다.
- 일교차가 매우 큽니다.
- 달과 매우 유사합니다.

금성 : 화끈한 금성! 내가 제일 잘나가!

금성은 그리스 신화 속 미의 여신 Venus의 이름을 얻은 아름다운 행성입니다. 행성 중 우리 눈에 가장 밝게 보이는 행성인데, 새벽과 초저녁에 잠깐 나타나서 밝게 빛난다고 '샛별'이라고 부르기도 합니다. 금성은 이산화탄소 대기를 아주 많이 갖고 있습니다. 이산화탄소는 에너지를 저장하는 기체라서 온실 기체라고 부르는데, 금성에는 이 이산화탄소가 매우 많기 때문에, 강한 온실 효과가 일어나 표면 온도가 매우 높습니다. 그래서 금성은 행성 중에서 가장 뜨겁고, 화끈한 행성이랍니다.

또, 이산화탄소는 무거운 기체라서, 두꺼운 이산화탄소 대기가 지표를 누르는 힘이 매우 큽니다. 이런 힘을 대기압이라고 하는데, 금성은 대기압이 지구의 95배나 됩니다.

미의 여신 'Venus'의 이름을 얻은 예쁜 행성이라 금성은 좀 튀고 싶은가 봅니다. 다른 행성들은 서에서 동으로 자전(스스로 한 바퀴씩 도는 현상)을 하는데 금성과 천왕성은 동에서 서로 자전을 합니다. 그래서 금성에서는 태양이 서쪽에서 떠서 동쪽으로 진답니다. 열심히 공부하는 여러분을 보고 엄마께서 '오늘은 해가 서쪽에서 뜨려나?'라고 말씀하시면, 이제 여러분은 당당히 얘기하세요. '여긴 지구에요. 해가 서쪽에서 뜨는 금성이 아니거든요!'라고 말입니다. 이제 잘나가는 금성의 특징을 정리해보겠습니다.

핵심 정리 : 금성

- 두꺼운 이산화탄소 대기를 갖고 있습니다.
- 대기압이 높고, 온실 효과가 일어나 온도가 매우 높습니다.
- 동에서 서로 자전합니다.

지구 : 축복의 행성! 우리의 지구!

지구는 액체 상태의 물과 산소를 포함하는 대기를 갖고 있어 생명체가 존재할 수 있는 행성입니다. 정말 축복 받은 행성이죠. 지구에 물과 대기가 없다고 상상해 보세요. 그렇다면 아마 우리 인간 같은 생명체는 탄생도 못했을 것입니다. 우리 지구의 특징은 우리가 잘 알고 있으니까 간단하게 정리해보겠습니다.

각 행성들의 특징은 나중에 학교 시험에 100% 나오므로, 반드시 기억해두세요!

핵심 정리 : 지구

- 대기와 물이 있으며, 생명체가 존재합니다.
- 계절 변화, 날씨 변화(기상 현상), 지각 변동 등이 발생합니다.

화성 : 왜 외계인은 꼭 화성에서 올까요?

혹시 '화성 침공'이라는 영화를 아나요? 1997년에 개봉되었던 황당하지만 독특하고, 기발한 아이디어가 돋보이는 영화입니다. 화성에서 외계인이 지구를 침공한다는 소재로 만들어진 영화인데, 왜 이렇게 외계인은 꼭 화성에서 올까요? 그건 화성이 지구와 비슷한 특징들을 갖고 있기 때문은 아닐까요? 2015년 미국 항공우주국, 나사가 화성 표면에서 액체 상태의 물이 흐르고 있다는 증거를 찾아냈다고 합니다. 그래서 혹시 생명체가 있지 않을까하는 기대가점점 커지고 있습니다.

우리의 이런 기대가 화성에서 온 외계인을 만든 건 아닐까요? 어쨌든 지금까지 밝혀진 바에 의하면 화성은 온도가 낮아서 대부분의 물은 얼음이 되었습니다. 특히 화성의 극지방에는 얼음과 드라이아이스가 많은데 그곳을 '극관'이라고 합니다. 그런데 재미있는 사실은 이 극관의 크기가 변하는 것입니다. 아마 얼음과 드라이아이스가 녹았다, 얼었다를 반복하나 봅니다. 그렇다면 화성의 온도가 높아졌다, 낮아졌다를 반복한다는 말이겠죠? 그러니까 화성도 지구처럼 여름, 겨울 같은 계절의 변화가 있는 것입니다. 화성의 표면은 붉게 보이는데, 그것은 붉은색의

산화철 흙먼지가 아주 많기 때문입니다. 또, 태양계에서 제일 큰 화산이 라는 올림포스몬스가 있습니다. 이제 화성의 특징을 정리해볼까요?

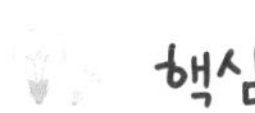

핵심 정리 : 화성

- 희박한 이산화탄소 대기를 갖습니다.
- 표면의 산화철 때문에 붉은색을 띱니다.
- 얼음과 드라이아이스로 이루어진 극관이 있습니다.
- 계절에 따라 극관의 크기가 변합니다.
- 물이 흐른 흔적과 화산 활동의 흔적이 있습니다.

목성형 행성은 수소와 헬륨 등의 기체로 되어 있습니다. 만약 우리가 우주 탐사선을 보낸다면 푹푹 빠져서 착륙조차 할 수 없겠죠? 기체로 되어 있어도 질량은 매우 큽니다. 그것은 크기가 어마어마하게 크기 때문에 가벼운 기체로 되어있음에도 불구하고 질량이 큰 것입니다. 그리고 위성의 수도 많은데 아마도 목성형 행성들이 예뻐서 주위를 뱅뱅 도는 위성이 많은가 봐요.

목성 : 행성의 대장 중 대장! 목성!

행성 중 크기가 가장 크고 가장 무거운 행성입니다. 지구보다 318배나 무겁고, 다른 모든 행성들의 무게를 합친 것보다도 2배가 무겁습니다. 목성의 주위를 도는 위성은 60개가 넘습니다. 진정한 행성의 대장

중에 대장이라 따르는 위성 부하들이 많은가 봐요. 목성의 남반구에는 대기가 소용돌이치는 붉은 태풍과 같은 점이 있습니다. 그 크기가 지구 두 개를 합친 것보다 커서 큰 붉은색 점, 즉 대적점이라고 부릅니다.

핵심 정리 : 목성

- 태양계 행성 중 질량과 크기가 가장 큽니다.
- 수소와 헬륨 등으로 이루어져 있습니다.
- 대기의 소용돌이에 의한 대적점과 줄무늬가 있습니다.
- 위성 수가 많습니다.

토성 : 목성의 여자 친구, 토성

대부분 영화를 보면 대장들은 예쁘고 날씬한, 아름다운 여자 친구가 있지 않나요? 토성이 딱 그렇습니다. 토성은 예쁘고 날씬하답니다. 그래서 혜식쌤이 목성의 여자친구로 만들었습니다. 우선 토성은 매우 아름다운 고리를 갖고 있습니다. 거기에 밀도는 행성 중 가장 작아서 물위에 띄울 수 있다면, 물에 동동 뜰 정도입니다. 밀도가 작은데다 자전 속도도 빨라서 가장 납작한 행성입니다. 쌤 말이 맞죠? 예쁘고, 가볍고, 날씬하고, 그래서 인기도 많아 토성 주위를 맴도는 위성이 매우 많답니다.

참고로 행성의 납작한 정도를 편평도라고 하는데, 편평도가 크면 납작한 행성이 됩니다. 편평도는 밀도가 작을수록, 자전 속도가 빠를수록 커지고, 행성 중 토성의 편평도가 가장 큽니다.

핵심 정리 : 토성

- 뚜렷한 고리가 있습니다.
- 행성 중 밀도가 가장 작고, 편평도가 가장 큽니다.
- 많은 위성이 있습니다.

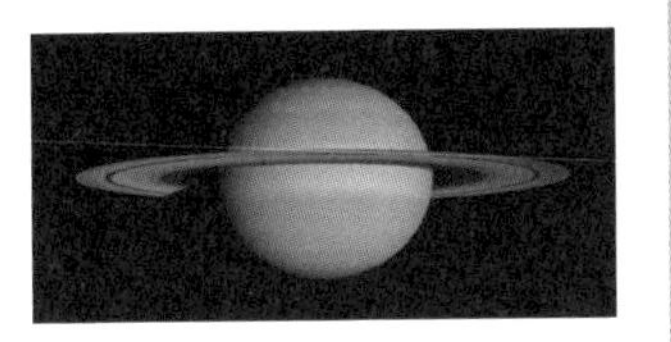

천왕성 : 하늘의 신! 우라노스!

제우스의 할아버지인 하늘의 신(천왕) 'Uranus'의 이름을 받은 천왕성. 이름에서부터 풍기는 거만함이 있죠? 천왕성의 자전축은 공전 궤도면과 거의 나란합니다. 쉽게 생각해서 거의 누워서 태양 주위를 공전하는 것입니다. 이 정도는 거만해줘야 하늘의 왕이라 할 수 있죠. 게다가 금성 비너스 못지않게 튀고 싶어 해서 금성과 같이 동에서 서로 자전합니다. 대기에는 메테인이 포함되어 있는데, 이 메테인 때문에 하늘빛 같은 예쁜 청록색으로 보입니다.

핵심 정리 : 천왕성

- 대기의 메테인 때문에 청록색으로 보입니다.
- 자전축이 공전 궤도면과 거의 나란합니다.
- 동에서 서로 자전합니다.

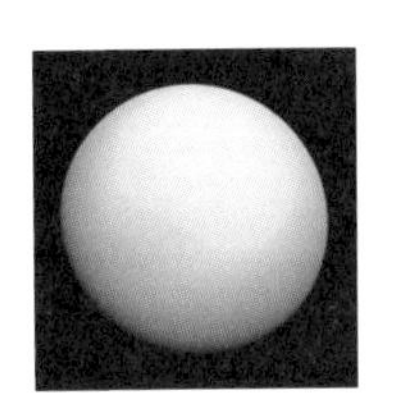

해왕성 : 진정 해왕성에서 살고 싶다!

해왕성은 천왕성보다 좀 더 푸르지만 천왕성과 거의 비슷한 성질을 갖고 있습니다. 또, 목성처럼 큰 점인 대흑점이 있습니다.

해왕성은 바다를 지배하는 포세이돈의 이름을 받은 것입니다. 그런데 이 어마어마한 바다에는 더 어마어마한 비밀이 있습니다. 그것은 바로 다이아몬드. 해왕성과 천왕성은 액체 다이아몬드로 된 바다위에 고체 다이아몬드가 둥둥 떠 있을 가능성이 있다고 합니다. 물론 너무 멀리 있는 행성들이라 다른 행성들에 비해 정보가 많지는 않지만, 가능성이 높다고 합니다. 혜식쌤은 해왕성의 바다에서 다이아몬드 수영복을 입고, 다이아몬드 배를 타며 수영하고 싶은 작은 꿈이 있답니다.

핵심 정리 : 해왕성

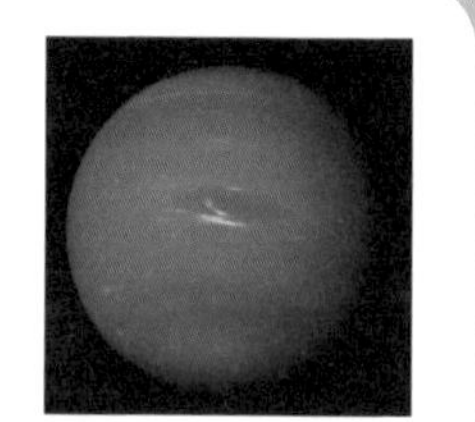

- 대기의 메테인 때문에 푸른색을 띱니다.
- 대기의 소용돌이인 대흑점이 존재합니다.

행성의 이름으로 행성의 특징을 기억하니까 재밌지 않나요?

그러면 여기서 비운의 주인공 명왕성의 이름에 대해 살펴볼까요?

명왕성(Pluto) 이름의 뜻은 저승의 신, 그리스 · 로마 신화 속 저승의 신 하데스의 별칭입니다. 그런데 이 이름을 받을 때부터 명왕성의 운명이 결정된 것은 아닐까요? 외롭게 지하 세계를 지배했던, 죽음의 신 하데스처럼 외롭게 행성에서 쫓겨나는 운명이 되었잖아요. 혜식쌤이 볼 때 역시 이름을 잘 지어야 하는 것 같습니다.

그런데 명왕성의 이름을 영국의 11살 소녀가 붙여 준 것이랍니다. 당시 그리스 · 로마 신화에 푹 빠져 있던 소녀는 명왕성의 이름이 아직 없다는 할아버지의 말을 듣자마자 'Pluto'라고 외쳤대요. 이 이름을 할아버지가 친구였던 옥스퍼드 대학의 천문학자 허버트 홀터너에게 이야기하면서, 명왕성의 이름이 결정된 것이라고 하네요.

개념 풀이

태양계 가족은 엄마 태양과 8남매의 행성들이 있습니다. 태양과 행성들이 자기소개를 합니다. 자기소개를 잘 들어보고 누구인지 맞춰보세요.

1. 나는 이 집안의 큰아들이라고 할 수 있습니다. 그래서 덩치도 제일 크고 무게도 제일 크고, 게다가 난 몸에 있는 점도 큽니다. 사실 나는 붉은색 큰 점을 갖고 있습니다.

[답 : 지구과학 1-6]

2. 난 이 집안에서 제일 인기가 좋아요. 내게는 물도 있고 공기도 있답니다. 그래서 꽃도 새도 모두 나만 좋아해서 귀찮을 지경이에요.

[답 : 지구과학 1-7]

개념 풀이

3. 흥! 인기하면 내가 제일이지. 난 물에 둥둥 뜰만큼 가볍고 너무나 멋진 고리를 갖고 있습니다. 나를 쫓아다니는 위성들이 얼마나 많은지 알긴 하나요?

[답 : 지구과학 1–8]

4. 휴, 다들 부럽네. 그러고 보면 내가 우리 집안의 못난이인가 봅니다. 난 얼굴이 곰보입니다. 움푹 움푹 구덩이가 너무 많습니다. 옆 동네 사는 달이라는 녀석이 있는데 그 녀석이 나랑 매우 닮았습니다. 혹시 난 달과 쌍둥이일까요?

[답 : 지구과학 1–9]

아름다운 우리 지구!

혜식쌤의 한마디!

여러분은 초등학생 때 바람은 왜 부는지 구름은 어떻게 만들어지는지 등을 공부했었죠? 그건 지구의 기권에서 나타나는 현상들이예요. 또 지표가 어떻게 변하는지, 암석에는 어떤 종류가 있는지도 배웠죠? 그건 지구 지권의 특징이구요. 바다에 대해서 공부했던 것은 지구 수권의 특징입니다. 기권, 지권, 수권 등을 지구계라고 하는데 중학교 때에는 이 지구계에 대해 더 깊이 공부할 뿐만 아니라 지구와 달까지도 더 깊이 있게 공부하게 돼요.
자! 그럼 지금부터 신비한 지구 속으로 들어가 볼까요?

S c i e n c e

1 지구의 하늘, 땅, 바다로 여행을 떠나봅시다!

"생명체의 거듭난 진화로 인류가 탄생했어요!"

우리 은하의 나선팔에서 태양이라는 별이 만들어질 때 지구도 함께 태어났습니다. 처음 지구가 태어났을 때는 엄청 뜨거운 불덩어리 지구였습니다. 그런 지구에 어마어마한 비가 내려 뜨거운 지구는 서서히 식었고 드디어 땅이 만들어졌습니다. 그래도 비는 그치지 않고 계속 내렸습니다. 그 엄청난 비가 지구의 낮은 곳에 고여 바다가 되었습니다. 시간이 오래 오래 지나 지구에는 생명체가 나타났고 그 생명체들이 진화에 진화를 거듭해서 우리 인류도 탄생했습니다. 정말 신기하고 놀랍죠?

이렇게 만들어진 지구는 지권(땅), 수권(물), 생물권(동물과 식물 등), 기권(공기)으로 되어 있고, 지구 바깥에 있는 우주권만 외권이라고 합니다. 그리고 지권, 수권, 생물권, 기권, 외권을 합쳐 지구계라고 부릅니다. 그러면 지금부터 지구계의 특징들을 살펴보겠습니다.

1. 기권

"먼저 지구의 하늘부터 볼까요? 하늘은 파랗게 물들어 있고, 흰 구름이 두둥실 떠 있습니다. 그런데 하늘은 왜 파랗게 보일까요? 구름은 어떻게 만들어지는 걸까요?"

지금부터 이 모든 비밀들을 하나씩 풀어가 보도록 하겠습니다. 햇빛은 빨, 주, 노, 초, 파, 남, 보 7가지 무지개 색깔의 빛이 합쳐져 있습니다. 이 햇빛이 지구로 들어올 때 지구 안에 있는 공기들과 부딪혀 흩어지는데, 이것을 빛의 산란이라고 합니다. 햇빛 중에서 특히 파란빛이 산란이 잘 일어나 하늘에는 파란빛이 제일 많이 흩어져 있습니다. 그래서 하늘은 파랗게 보입니다. 그리고 우리는 지구 안에 있는 공기들을 '대기'라고 합니다. 공기=대기, 대기는 지표(땅)로부터 높이 약 1000km까지 존재하는데 이렇게 대기가 존재하는 층을 '대기권'이라고 합니다.

(1) 기권(대기권) : 지표 ~ 높이 약 1000km까지 대기가 존재하는 층

여러분은 혹시 히말라야 에베레스트를 등정한 엄홍길 아저씨를 아시나요? 엄홍길 아저씨는 '지금 살아있는 것 자체가 기적이다.'라며 극한의 상황에 내몰릴 때마다 히말라야에게 '제발 나를 받아주세요. 그 은혜를 모른 척 하지 않겠습니다.'라고 말씀하셨다고 합니다. 그리고는 등정에 성공하고 정말로 히말라야에 은혜를 갚기 위해 많은 봉사를 하고 계신 멋쟁이 아저씨입니다.

그런데 세계에서 가장 높은 산인 에베레스트를 등정하는 아저씨의 모습을 보면 엄청나게 두터운 방한복에 산소마스크까지 쓰고 있습니다. 왜 그러실까요? 그건 대기권은 높이 올라갈수록 대기가 적어지기 때문에 높이 8,848m나 되는 에베레스트에는 대기(공기)가 너무 부족합니다. 그래서 산소마스크를 쓰지 않으면 산소가 부족해서 숨을 쉴 수가 없기 때문에 꼭 산소마스크를 써줘야 합니다.

또 높이 올라갈수록 온도 역시 낮아져서 에베레스트 산 정상에는 언제나 하얀 눈이 쌓여 있습니다. 그래서 따뜻한 방한복도 꼭 입어줘야 합니다. 그런데 대기권은 높이 올라갈수록 계속 온도가 낮아지는 것은 아닙니다. 신기하게도 약 11km 정도 되면 다시 온도가 높아지다가 높이 50km 정도 되면 다시 낮아지고 높이 80km부터 다시 높아지는 변덕스런 기온 변화가 나타납니다. 그래서 우리는 온도가 어떻게 변하느냐에 따라 대기권을 대류권, 성층권, 중간권, 열권으로 구분합니다. 왼쪽 그림은 시험에 자주 나오는 그림이므로 반드시 기억해주세요.

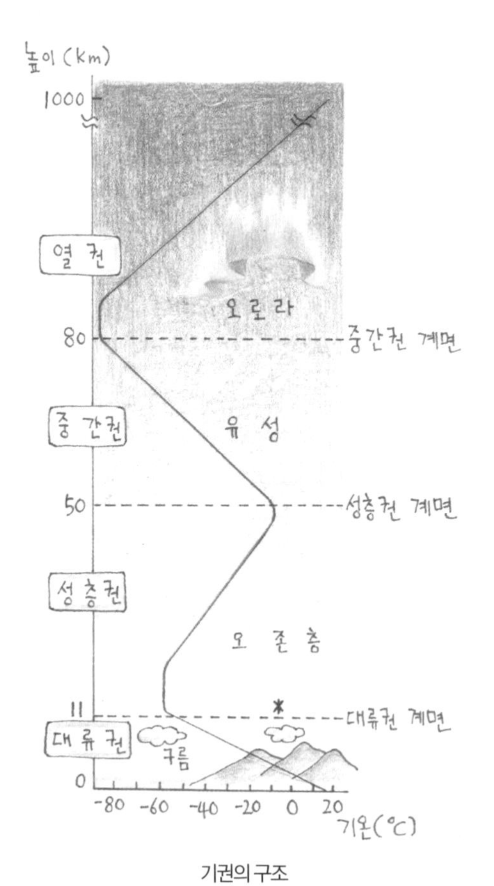

기권의 구조

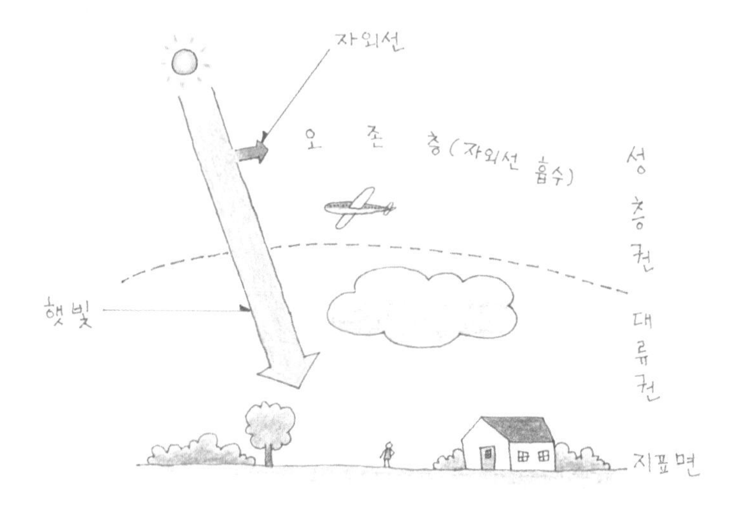

비행기를 타고 여행하다 보면 내 발 아래 구름이 보이지 않나요? 구름은 대류권에만 있고 비행기는 성층권으로 날아가기 때문입니다. 이 성층권에는 '오존층'이란 기특한 층이 있습니다. 햇빛에는 자외선, 가시광선, 적외선 등 다양한 빛들이 섞여 있는데 이 중에서 자외선은 나쁜 빛입니다. 너무 많이 쪼이면 피부에 암이나 백내장이라는 병도 만들 수 있습니다. 이 자외선을 아주 많이 쪼이면 생물체들은 살아갈 수가 없습니다. 그런데 이 자외선이 지표에 들어오지 못하도록 막아주는 착한 일을 바로 오존층이 해줍니다.

그래서 지구에 생명체들이 잘 살아갈 수 있는 거니까 오존층은 정말 고맙고 우리에게 꼭 필요합니다. 그런데 요즘 이 오존층이 많이 파괴되고 있어서 걱정입니다. 여러분은 지구를 많이 사랑하고 아껴줘서 더 이상 오존층이 파괴되지 않게 해주세요.

(2) 구름은 어떻게 만들어질까요?

비행기가 성층권으로 날아가는 이유를 아세요? 구름은 대류권에만 존재하기 때문에 성층권에는 비나 눈이 내리지 않아서 성층권에서는 비행기가 안전하게 날아갈 수 있습니다. 대류권에서 구름이 만들어지고 비가 내리고 눈이 오는 날씨 변화를 기상현상이라고 합니다.

구름의 생성

구름은 공기 중의 수증기가 모여서 생긴 작은 물방울이나 얼음 알갱이들이 하늘 높이 떠 있는 것입니다. 그러니까 구름이 만들어지려면 일단 공기가 높이 올라가야겠죠? 수증기를 포함한 공기 덩어리가 높이 올라가다보니 온도가 너무

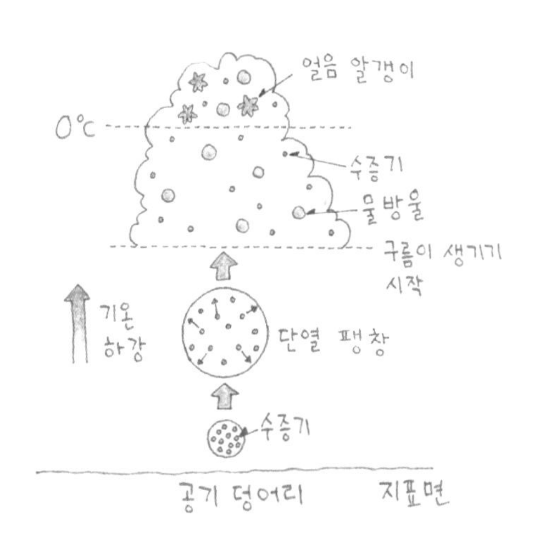

구름 생성 과정

낮은 거예요. 너무 추워 수증기들이 옹기종기 모여서 물방울이 되거나, 얼어버린 상태로 높은 곳에 떠 있는 것이 구름입니다. 물방울이나 얼음 알갱이가 더 커져서 무거워 떨어지면 비와 눈이 됩니다.

(3) 바람! 넌 누구니?

바람이 부는 것은 공기 알갱이가 움직이는 것입니다. 그런데 언제나 어디서나 바람이 부는 것은 아니죠? 바람은 어떻게 부는 걸까요? 공기는 왜 움직이는 걸까요? 이것을 알기 위해서 먼저 기압(공기의 압력)이 무엇인지를 알아보겠습니다.

기압

상상해 보세요. 아빠 어깨 위에 엄마, 엄마 어깨 위에 여러분이 목마를 타고 있어요. 여러분 위엔 아무도 없어서 여러분은 재밌겠죠? 하지만 여러분은 엄마를 누르고 있고, 엄마와 여러분은 아빠를 누르고 있어요. 이렇게 위에 있는 물체가 아래 있는 물체를 누르는 힘을 '압력'이라고 하는데, 여러분에게 작용하는 압력이 가장 작고, 아빠에게 작용하는 압력이 가장 큽니다.

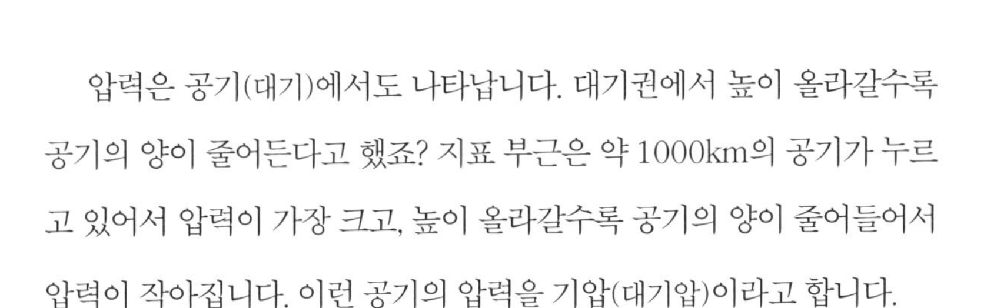

압력은 공기(대기)에서도 나타납니다. 대기권에서 높이 올라갈수록 공기의 양이 줄어든다고 했죠? 지표 부근은 약 1000km의 공기가 누르고 있어서 압력이 가장 크고, 높이 올라갈수록 공기의 양이 줄어들어서 압력이 작아집니다. 이런 공기의 압력을 기압(대기압)이라고 합니다.

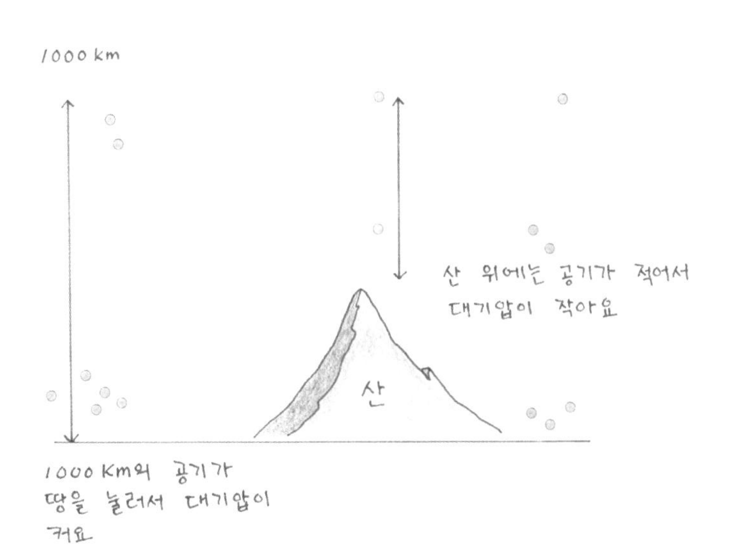

바람

높이 약 1000km의 공기가 지표를 누르는 대기압을 1기압이라고 합니다. 그런데 1000km는 너무 높아서 사실 감이 잘 잡히지 않습니다. 한번 상상해보세요. 지표에서 높은 기둥을 세워 놓고 거기에 물을 채워 물기둥을 만들 거예요. 이 때, 1기압은 약 10m의 물기둥이 누르는 힘과 같습니다.

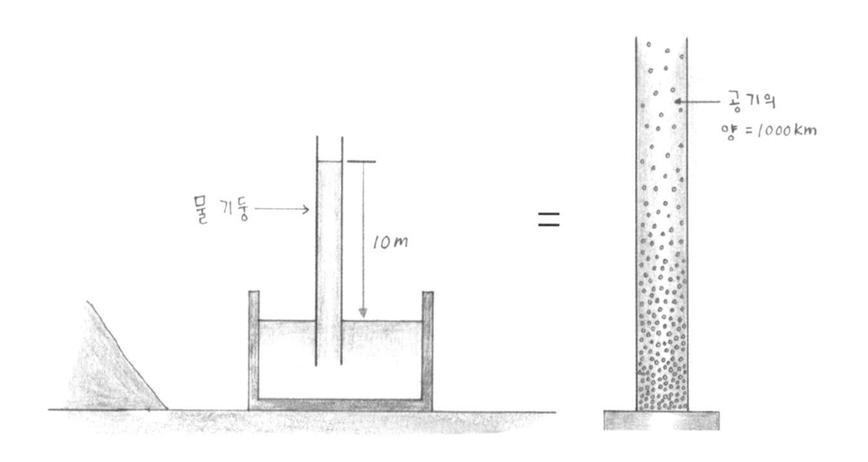

그런데 지표의 어디나 대기압이 1기압으로 같지는 않아요. 1기압은 평균적인 값이라고 생각하면 됩니다. 공기(대기)는 움직이기도 하잖아요. 그러면 공기의 양이 지표마다 조금씩 달라질 것이고 기압도 조금씩 달라지겠죠? 예를 들어 서울 하늘에 오늘따라 유난히 공기가 많이 모여 들었습니다. 그러면 공기가 많아서 지표를 세게 누르니 기압이 높아집니다. 이런 곳을 '고기압'이라고 합니다. 그런데 제주도에는 유난히 공기가 조금 있어서 지표를 살짝 눌러 기압이 낮을 수도 있습니다. 이런 곳을 '저기압'이라고 합니다.

이때 고기압에는 공기가 너무 많아서 공기는 너무 비좁아요. 그런데 옆을 보니 공기가 적은 저기압 지역이 보입니다. 고기압의 공기는 저기압 지역으로 이동을 합니다. 이렇게 공기가 이동하면서 생기는 것이 바로 '바람'입니다. 즉, 바람은 고기압에서 저기압으로 공기가 흐르는 현상입니다.

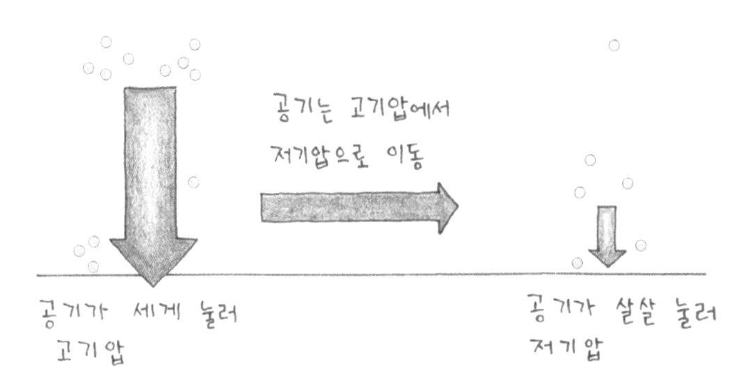

바람은 고기압에서 저기압으로 불어요.

바람에도 이름이 있답니다. 예를 들어, 여름 방학에 해변가에 여행을 간 여러분을 상상해 보세요. 낮에 바닷가에 도착하자마자 바다를 보러 갔습니다. 바다에서 시원한 바람이 불어옵니다. 바다에서 육지로 바람이 부는 것인데, 이런 바람을 '해풍(바다에서 불어오는 바람)'이라고 합니다. 자, 이제 숙소에 짐을 정리하고 저녁을 먹은 후에 밤바다를 보러 갔습니다. 바람이 어느 쪽에서 불까요? 밤에는 바람의 방향이 육지에서 바다로 바뀌는데 이런 바람을 '육풍(육지에서 불어오는 바람)'이라고 합니다. 두 바람을 합쳐서 '해륙풍'이라고 합니다.

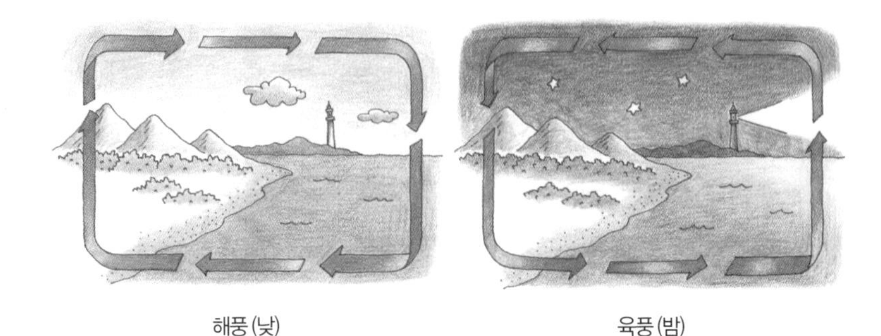

해풍(낮)　　　　　　　　　　육풍(밤)

낮에는 해가 떠서 해풍~. 이렇게 기억하세요!

그 밖에도 우리나라의 계절에 따라 여름에 부는 바람을 '남동 계절풍', 겨울에 부는 바람을 '북서 계절풍'이라고 합니다. 지구의 위도에 따라 무역풍, 편서풍, 극동풍 등 다양한 바람이 있습니다.

(4) 기단과 전선

공기들을 가만히 들여다보면 참 재미있어요. 꼭 우리 인간들 같을 때도 많답니다. 혜식쌤은 조용한 친구들과 있다 보면 따라서 조용해집니다. 그런데 시끄럽고 재미있는 친구들과 어울릴 때는 나도 모르게 시끄럽고 유머도 많아집니다. 이렇게 주변 환경에 따라 사람의 성격이 달라지는 것처럼 공기도 그렇습니다. 예를 들어 건조한 육지 위에 오랫동안 머무르는 공기 덩어리는 육지처럼 건조해지고, 습한 바다 위에 오랫동안 머무르는 공기 덩어리는 수증기를 듬뿍 담아 습해집니다. 이렇게 한곳에 오래 머물러서 기온과 습도가 거의 일정해진 거대한 공기 덩어리를 '기단'이라고 합니다. 그러면 극지방에서 만들어진 기단은? 극지방은 추우니까 온도가 낮은 '한랭한 기단'이 만들어지고, 적도 지방은

덥기 때문에 온도가 높은 '온난한 기단'이 만들어집니다. 그런데 공기는 이동할 수 있으니까 당연히 기단들도 이동할 수 있겠죠? 간혹 이동하던 두 기단이 딱 만나기도 하는데, 성질이 다른 두 기단이 만나면 막 싸운 답니다. 이렇게 성질이 다른 두 기단이 만나서 싸우는 면을 '전선면', 전선면과 지표면이 만나는 곳을 '전선'이라고 합니다. 우리도 전쟁을 할 때 전투가 벌어지는 지역을 '전선'이라고 하는 것처럼 기단들이 전투를 벌이는 곳도 '전선'이라고 합니다.

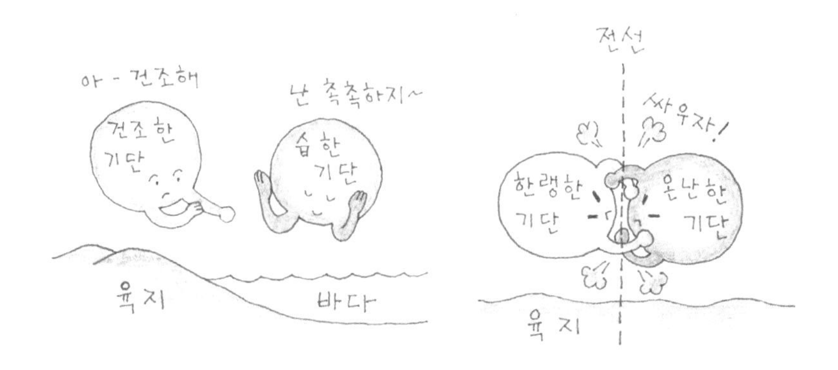

우리나라에 영향을 미치는 기단에는 시베리아 기단, 오호츠크해 기단, 양쯔강 기단, 북태평양 기단, 적도 기단, 이렇게 5개의 기단이 있습니다. 이 5개의 기단이 우리나라 봄, 여름, 가을, 겨울철에 각각 영향을 미치면서 다양한 날씨 변화를 일으킵니다.

예를 들어 봄엔 양쯔강 기단의 영향을 받는데, 따뜻한 남쪽의 육지에서 만들어진 기단이라서 따뜻하고 건조한 성질을 가집니다. 그래서 우리나라 봄은 따뜻하고 건조합니다.

초여름이 되면 언제나 장마철이 오죠? 장마철이 되면 남쪽 북태평양에서 만들어지는 온도가 높고 습한 북태평양 기단이 슬슬 우리나라로 올라옵니다. 그런데 북쪽의 차고 습한 오호츠크해 기단은 슬슬 아래로 내려오다가 우리나라에서 두 기단이 딱 만나는데 성질이 다른 두 기단은 우리나라 상공에서 싸움을 시작합니다. 전선이 형성되었군요. 그런데 두 기단은 힘도 비슷해서 둘 다 물러남이 없습니다. 게다가 둘 다 습한 기단이라 엄청난 비를 만듭니다. 두 기단이 오랜 시간 동안 우리나라 상공에서 싸우면서 비를 뿌리게 되는 것이 장마입니다. 상상해 보세요. 두 기단이 열심히 싸우면서 막 우는 거죠. 그 눈물이 비가 되어 내린다는 슬픈 이야기입니다. 우리는 친구들과 사이좋게 지내자구요.

또, 차갑고 건조한 시베리아 기단이 겨울철에 우리나라에 영향을 미쳐 우리나라 겨울은 춥고 건조합니다.

우리나라에 영향을 미치는 기단

장마비가 내려요

핵심 정리

1. 기권의 구조 대류권 → 성층권 → 중간권 → 열권

2. 구름의 생성 과정 공기 상승 → 부피 팽창 → 기온 하강 → 수증기 응결(물방울 생성) → 구름

3. 기압과 바람

- 기압 : 공기가 누르는 압력
- 바람 : 고기압 → 저기압

4. 해륙풍

- 해풍 : 낮에 바다에서 육지로 부는 바람
- 육풍 : 밤에 육지에서 바다로 부는 바람

5. 우리나라에 영향을 미치는 기단

양쯔강 기단(봄, 가을), 오호츠크해 기단(초여름), 북태평양 기단(여름), 적도 기단(여름, 가을), 시베리아 기단(겨울)

기단	영향을 주는 계절	날씨
양쯔강 기단	봄, 가을	•온난 건조한 날씨 •황사(봄)
오호츠크해 기단	초여름	•동해안의 서늘하고 습한 날씨 •장마
북태평양 기단	여름	•장마(초여름) •무덥고 습한 날씨 •폭염, 열대야
적도 기단	여름, 가을	•태풍
시베리아 기단	겨울	•춥고 건조한 날씨 •한파

개념 풀이

1. 혜식이가 우주여행을 갑니다. 퓨웅! 지표를 떠난 우주선이 높이 날아갑니다. 높이 올라가면서 혜식이는 대기권을 빠져 나가고 있는데 어떤 순서대로 대기권을 지나갈까요?

[답 : 지구과학 2–1]

2. 혜식이가 부러운 에리는 제주도 여행을 갑니다. 비행기를 타고 슈웅 높이 올라가는데 구름이 보입니다. 에리는 '구름은 도대체 어떻게 만들어질까?'라고 생각을 했습니다. 구름이 만들어지는 과정을 여러분이 설명해 줄래요?

[답 : 지구과학 2–2]

3. 제주도에 도착하니 밤이었습니다. 그래도 바다는 봐야겠죠? 아름다운 제주도 밤바다를 보러 나간 에리에게 살랑 살랑 바람이 불어요. 이때 부는 바람의 종류는 무엇일까요?

[답 : 지구과학 2–3]

4. 우주 밖으로 나간 혜식이는 우주 밖에서 우리나라 대한민국을 바라봤습니다. 그런데 우리나라에 뿌연 황사가 하늘을 덮고 있었습니다. 우앙 슬프네. 혜식이가 여행을 간 계절은 언제일까요? 또 우리나라에 영향을 미치고 있는 기단의 종류는 무엇일까요?

[답 : 지구과학 2–4]

2. 지권

지금까지 지구의 대기를 공부했죠? 지금부터는 지구의 땅 속을 들여다보겠습니다. 자! 이제 삽을 준비하세요. 여러분이 땅 속을 열심히 파 들어가는 겁니다. 땅 속에 뭐가 보여요? 땅을 파고 들어가면 단단한 지각을 지나, 말랑 말랑한 맨틀이 나오고, 이 맨틀을 지나 지구의 중심. 핵이 나옵니다.

지구의 내부는 이렇게 지각, 맨틀, 핵으로 되어 있는데, 지구의 내부와 우리가 밟고 사는 땅을 모두 포함하여 '지권'이라고 부릅니다. 그런데 정말로 삽을 들고 지구 중심까지 파 들어갈 수 있을까요? 당연히 안 됩니다. 직접 땅을 파서 지구

속을 조사하는 방법을 '시추'라고 하는데, 1989년 옛 소련(러시아)에서 약 12.3km까지 뚫은 적이 있다고 합니다. 하지만 안으로 들어갈수록 너무 뜨겁고 압력이 높아서 그 이상은 뚫지 못했다고 하네요. 지구 안으로 들어갈수록 온도와 압력은 계속 높아집니다. 그렇다면 우리는 지구 내부 구조를 어떻게 알아낼 수 있을까요? 바로 '지진파'라는 것을 이용하는 것입니다. 그럼 지진파에 대해 먼저 알아볼까요?

(1) 땅 속 구조를 어떻게 알아낼까요?

잔잔한 호수에 퐁당 돌을 하나 던져 보세요. 동그란 물결이 생기며 물의 흔들림이 사방으로 퍼져 나가죠? 이때 물의 흔들림이 옆으로 전달되는 것이 '물결파'입니다. 이번에는 땅을 생각해 보세요. 땅의 한 지점이 흔들리고 이 흔들림이 퍼져나가는 현상을 지진이라고 합니다.

이때 땅의 흔들림이 옆으로 전달되는 것이 '지진파'입니다.

지진이 최초로 일어난 지점을 '진원', 진원 바로 위 지표면의 지점을 '진앙'이라고 한답니다.

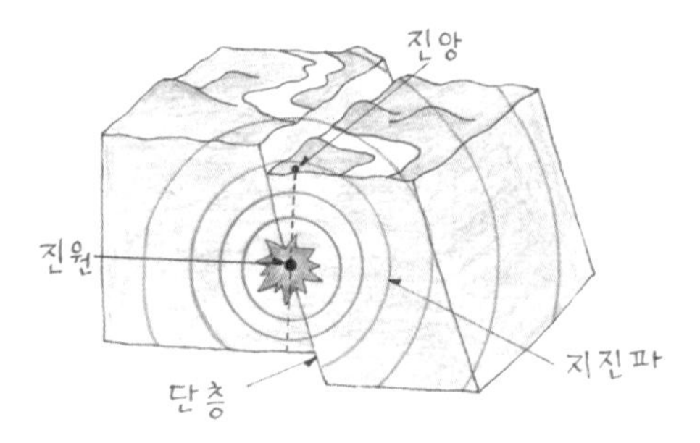

지진파에는 P파와 S파가 있는데, 이 녀석들은 성질이 많이 다릅니다. 두 녀석의 성질을 비교해 볼까요?

P파	S파
1초에 8km : 속도가 엄청 빠릅니다.	1초에 4km : 이것도 엄청 빠른데 P파보다는 느립니다.
P파는 날쌘 돌이라서 고체, 액체, 기체를 모두 통과할 수 있습니다.	S파는 고체밖에 통과를 못합니다.
옆으로 진동을 합니다.	위, 아래, 좌·우로 마구 진동을 합니다.
빠르긴 한데 진폭이 크지 않아서 피해는 적어요.	느린 녀석이 진폭이 커서 피해가 큽니다.
파의 진행 방향 / 진원 / 물질의 진동 방향	파의 진행 방향 / 진원 / 물질의 진동 방향

(2) 땅 속은 어떻게 생겼을까요?

혹시 안면도를 아세요? 물 맑고 공기 좋은 서해의 안면도라는 예쁜 곳으로 우리 여행을 가봐요. 자동차를 타고 고속도로를 빠르게 달려갔습니다. 그런데 가다보니 비포장도로인 자갈길이 나옵니다. 자동차 속도를 줄여야겠어요. 이번에 길가에 물웅덩이가 있습니다. 속도를 더 줄여야겠죠? 자동차가 달릴 때 어떤 길을 만나느냐에 따라 자동차의 속도는 달라집니다.

이것처럼 지진파도 막 달려가다가 종류나 상태가 다른 물질을 만나면 속도나 방향이 달라집니다. 예를 들어 지진파가 고체 속을 달려가다가 갑자기 액체를 만나면 속도가 느려지거나 혹은 통과하지 못하기도 합니다. 이런 지진파의 성질을 이용하여 지구의 속 구조를 알아낼 수 있습니다.

지진파를 지구 속으로 보내면 속도가 갑자기 변하거나 방향이 크게 꺾이는 곳이 세 곳 있습니다. 그 곳을 기준으로 지각, 맨틀, 외핵, 내핵으로 구분합니다.

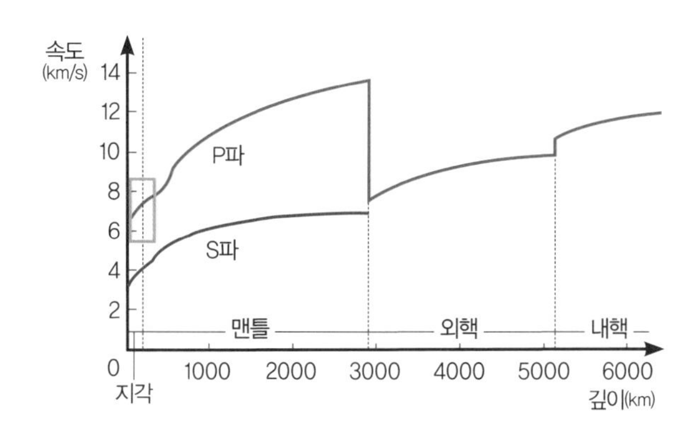

지구 내부를 통과하는 지진파의 속도 변화

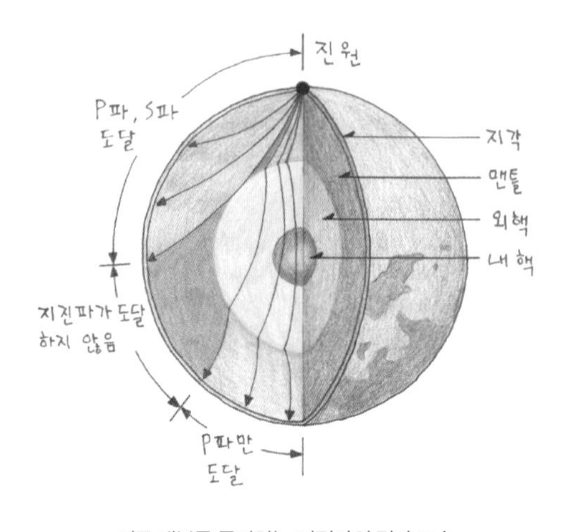

지구 내부를 통과하는 지진파의 전파 모습

지각은 우리가 밟고 있어 알고 있죠? 단단한 고체로 되어 있잖아요. 지각 아래에 있는 맨틀은 고체는 고체인데 말랑 말랑해서 액체처럼 움직일 수 있어요. 우리는 좀 멋있게 '유동성 고체'라고 합니다. 맨틀은 지구 전체의 82%나 차지하고 있습니다. 맨틀 아래에는 핵이 있는데, 바깥쪽을 '외핵', 안쪽을 '내핵'이라고 합니다. 그런데 특이하게 S파가 외핵을 통과하지 못하는 거예요. S파는 고체만 통과하는데 그럼 외핵이 고체가 아니라는 말인가요? 맞습니다. 외핵은 특이하게 액체 상태로 존재합니다. 상상해보면 땅 속 저 깊은 속에 물과 같은 액체 상태로 되어 있는 공간이 존재한다는 것이 재밌지 않아요? 더 깊이 들어가면 다시 고체 상태인 내핵이 나옵니다.

(3) 지진이나 화산은 어디서 자주 일어날까요?

튜브를 타고 바다위에 가만히 누워있어 보세요. 여러분이 굳이 움직이지 않아도 천천히 아주 천천히 떠밀려갑니다. 왜 그럴까요? 바닷물이 움직이기 때문이죠? 튜브를 탄 여러분이 바다위에 떠 있듯이, 지각은 맨틀위에 떠있습니다. 맨틀은 말랑 말랑한 유동성 고체라고 했죠? 바닷물이 천천히 움직이듯이 맨틀도 천천히 움직여서 그 위에 떠 있는 지각이 아주 천천히 이동합니다. 그러다보면 지각들이 만나기도 하고 서로 멀어지기도 하는데, 이때 엄청나게 큰 산맥이 만들어지기도 하고 지진이나 화산이 발생하기도 합니다. 이때 맨틀이 천천히 움직이는 현상을 '맨틀의 대류'라고 합니다.

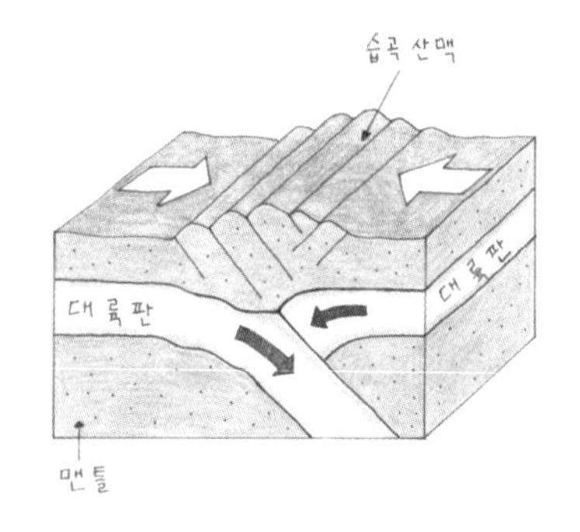

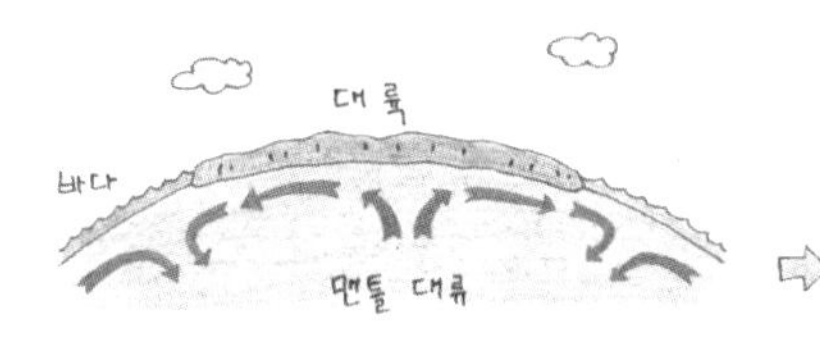

맨틀 대류에 따른 대륙의 이동

(4) '돌'의 종류는 무엇이 있을까요?

지금까지 지구 내부 구조를 살펴보았습니다. 우리가 밟고 사는 지각을 파보면 돌덩어리들로 되어 있습니다. 그 돌을 '암석'이라고 합니다. 암석은 크게 화성암, 퇴적암, 변성암으로 분류하는데, 지표 가까이에는 '퇴적암'이 가장 많고, 더 깊이 들어가면 '화성암'과 '변성암'이 많이 존재합니다. 그러면 지금부터는 이 돌들, 그러니까 암석들에 대해서 자세히 살펴보겠습니다.

암석들을 왜 공부하나 싶지 않아요? 그런데 이 암석들은 우리 생활 속에 아주 많이 이용되고 있습니다. 제주도하면 생각나는 돌하르방은 '돌로 만든 할아버지'라는 뜻이랍니다. 제주도 수호 신 같은 건데, 이 하르방은 현무암으로 만들어진 겁니다. 경주 불국사에 있는 국보 20호는

다보탑입니다. 이 아름다운 다보탑은 화성암으로 만들어졌습니다. 그 밖에도 많은 건물들, 조각품, 비석 등 암석은 우리 생활 속에서 다양하게 이용되고 있습니다.

그럼 먼저 화성암에 대해 알아보겠습니다. 화성암은 화산이 분출할 때 나오는 마그마가 식어서 만들어진 암석입니다. 그런데 마그마는 지표 밖으로 흘러나오기도 하고, 땅속에 존재하기도 하는데 지표 밖으로 흘러나온 마그마가 차가운 공기나 물을 만나 빠르게 식어서 만들어진 화성암을 '화산암'이라고 합니다. 또, 땅속 깊은 곳의 마그마가 천천히 식어서 만들어진 화성암을 '심성암'이라고 합니다.

화성암의 생성 위치

돌하르방　　석굴암

	어둡다 ↔		↔ 밝다
화산암	현무암	안산암	유문암
심성암	반려암	섬록암	화강암

화산암은 그 색의 진하기에 따라 현무암, 안산암, 유문암이 있는데, 현무암이 가장 어둡고 유문암이 가장 밝습니다. 현무암은 돌하르방의 재료라고 했죠? 돌하르방 색이 검정색이잖아요. 심성암은 밝기에 따라 반려암, 섬록암, 화강암이 있는데, 화강암이 가장 밝습니다. 경주의 석굴암은 화강암으로 만들어서 밝은 누런색입니다.

아무리 단단한 암석도 오랜 세월 비나 바람에 의해 깨지고 부서져서 작은 돌이나 모래, 진흙 등으로 변하는데, 이것을 '풍화 · 침식'이라고 합니다. 풍화 · 침식에 의해 부서진 모래나 돌 등은 흐르는 물과 바람에 의해 이동합니다. 그러다 바다나 강 하구, 호수 밑에 쌓이는데, 이것을 '퇴적물'이라고 합니다.

바다나 호수 밑에 퇴적물이 쌓인 후 오랜 시간에 걸쳐 단단하게 굳어져 만들어진 암석을 '퇴적암'이라고 합니다.

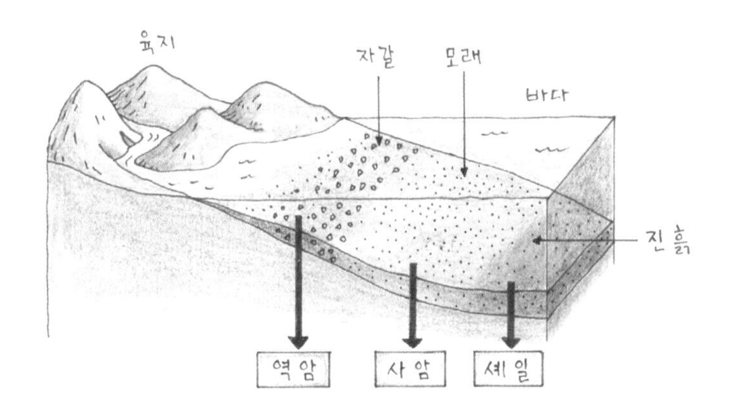

아주먼 옛날, 아주 착한 혜식이란 아이가 있었습니다. 어느 날 친구 에리가 혜식이의 머리통을 주먹으로 '쾅' 때렸습니다. 그렇게 착한 혜식이였는데 갑자기 얼굴이 벌겋게 달아오르더니, 친구에게 마구 화를

냈습니다. 혜식이의 성질이 변했나 봅니다. 이렇게 아무리 착한 혜식이도 주먹으로 머리를 누르는 압력이 가해지거나, 얼굴이 벌겋게 달아오르게 열을 받으면 성질이 변합니다. 암석도 마찬가지입니다. 한 번 만들어진 퇴적암이나 화성암이 영원히 퇴적암, 화성암으로 존재하는 것이 아니라, 매우 높은 압력과 열을 받으면 성질이 변합니다. 이렇게 성질이 변한 암석을 '변성암'이라고 합니다.

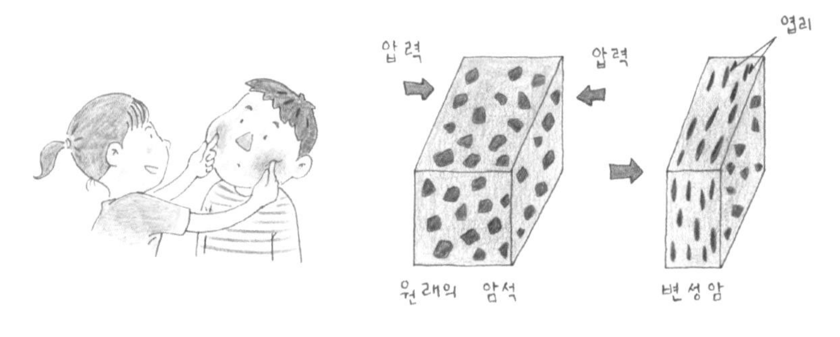

엽리의 생성

핵심 정리

1. **지진파** 속도가 빠른 P파와 느린 S파가 있습니다. P파는 고체, 액체, 기체를 모두 통과하고, S파는 고체만 통과합니다.
2. **지구 내부 구조** 지진파의 속도 분포에 따라 지각-맨틀-외핵-내핵으로 구분합니다.
3. **지권의 변화** 맨틀의 대류에 의해 지권은 끊임없이 천천히 변하고 있습니다.
4. **암석** 생성 과정에 따라 화성암, 퇴적암, 변성암으로 구분합니다.

개념 풀이

1. 지진파에는 P파와 S파가 있습니다. 두 지진파의 속도와 통과 물질, 진폭을 비교해 주세요.

[답 : 지구과학 2-5]

2. 땅 속을 파고 들어간다면 순서대로 어떤 층들이 보일까요? 지구 내부 구조를 순서대로 말해주세요.

[답 : 지구과학 2-6]

3. 지권은 아주 천천히 조금씩 변하고 있습니다. 지각 아래에 있는 맨틀에서 아래 부분이 윗부분보다 온도가 높아 대류가 일어나고, 맨틀 위에 떠 있는 대륙이 맨틀 대류의 방향을 따라 이동한다는 학설을 무엇이라고 할까요?

[답 : 지구과학 2-7]

3. 수권

이제부터는 지구의 물을 알아보겠습니다. 지구의 물은 크게 육지의 물(담수)과 바닷물(해수)로 나눠집니다. 그 중에서 당연히 해수가 차지하는 양이 많겠죠? 지구 전체 물의 약 97.2%나 됩니다. 담수는 고작 2.8%인데 그 중에서 대부분이 빙하로 얼어 있습니다. 결국 지하수나 강 · 호수 등의 양은 너무나 적은데, 우리 지구인들은 그 얼마 되지 않는 담수를 나누어 이용하고 있습니다.

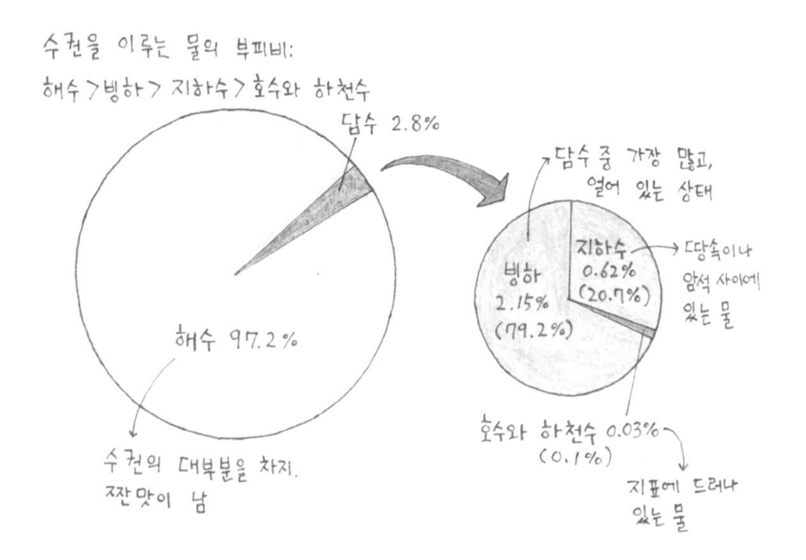

그러니까 앞으로 물을 아껴 써야겠죠? 실제로 우리나라도 물 부족 국가에 포함되어 있다는 사실을 기억하면서 미래를 위해 물을 아껴 써야 합니다. 그런데 해수는 왜 우리가 사용할 수 없는 걸까요? 짜서요. 맞습니다. 너무 짜서 사용할 수 없습니다. 그런데 바닷물은 왜 짤까요? 우리 모두 알고 있듯이 바닷물에는 소금이 녹아 있기 때문입니다. 소금을 염화나트륨이라고도 하는데, 바닷물에는 염화나트륨뿐만 아니라 염화

마그네슘, 황산마그네슘 등 여러 가지 물질이 녹아 있습니다. 이렇게 바닷물 속에 녹아 있는 물질을 '염류'라고 합니다. 염류 중에 소금인 염화나트륨이 가장 많이 녹아 있어서 바닷물은 짭니다.

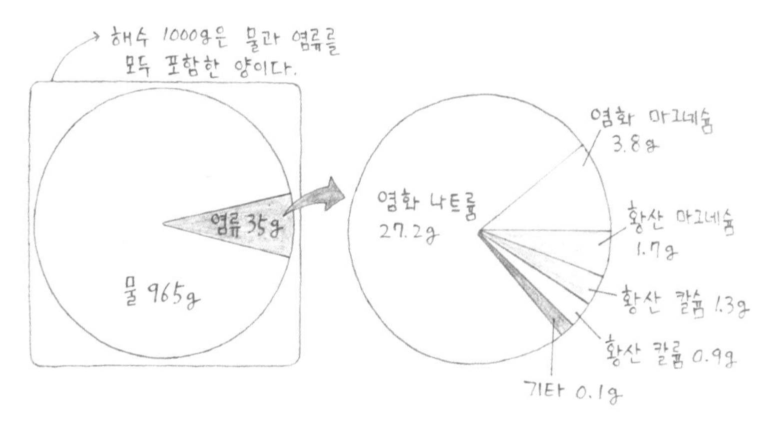

염분 35%의 해수에 들어있는 각 성분의 양

그런데 이 염류는 바닷물에 얼마나 녹아 있을까요? 지금 당장 바닷가로 가세요. 바닷물 1kg(1000g)을 담아옵니다. 그릇에 바닷물을 넣고 살살 가열해 보세요. 물은 모두 증발해 날아가고 하얀 가루들이 남는데, 그것이 염류입니다. 이 가루들의 질량을 측정합니다. 이렇게 해수 1kg에 녹아 있는 염류의 총 질량이 몇 g인지 나타낸 것을 '염분'이라고 합니다.

$$\text{염분 (‰)} = \frac{\text{염류의 총량}}{\text{해수의 질량}} \times 1000$$

- 단위 : ‰ (퍼밀) 또는 psu
- 전 세계 해수의 평균 염분 : 35‰(psu)

염분은 지구상의 모든 바닷물이 똑같은 것은 아닙니다. 그래서 평균 염분을 구하는 거죠. 염분이 높다는 것은 쉽게 생각하면 소금이 많이 녹아 있다는 겁니다. 짜겠군요. 염분이 낮다는 것은 소금이 덜 녹아 있는 겁니다. 이때는 싱겁겠죠? 그래서 '염분이 높다=짜다, 염분이 낮다=싱겁다.'로 기억하면 좋습니다.

그럼 어떤 바다가 염분이 낮을까요? 싱거운 바다? 바다에 담수가 많이 들어가면 바닷물이 싱거워져서 염분이 낮아지겠죠?

예를 들어 빙하가 녹아 들어가는 곳, 강물이 흘러 들어가는 곳, 비가 많이 내리는 곳 등은 바닷물에 담수가 많이 들어가 싱거워지고 염분이 낮습니다. 반대로 염분이 높으려면 바닷물이 짜져야 되는데, 바다에 소금을 넣을 수는 없으니까 담수의 양이 적으면 염분이 높아집니다.

라면을 오래 끓이면 물이 증발돼 라면 국물이 짜지는 것처럼 증발이 많이 일어나는 바다, 강물이 흘러 들어가지 않는 곳, 해수가 어는 곳 등이 염분이 높습니다. 그러면 삼면이 바다인 우리나라는 어떨까요? 여름철이 겨울철보다 비가 많이 와서 여름철 바닷물이 더 싱겁습니다. 염분이 더 낮다는 말이겠죠? 지리산, 설악산, 높은 산은 대체로 동쪽에 있죠? 동쪽은 높은 지형이 많아서 우리나라 지형을 '동고서저'라고 합니다. 물은 높은 곳에서 낮은 곳으로 흐르기 때문에 우리나라의 큰 강들은 모두 서해(황해)로 흘러갑니다. 그래서 동해보다 서해의 염분이 더 낮습니다.

혜식쌤이 숙제를 하나 내겠습니다. 부모님과 함께하는 숙제입니다. 다음 달에 동해와 서해로 각각 놀러가세요. 바닷물을 한 그릇씩 담아 와서 꼭 맛을 비교해보고 실제로 동해 바닷물이 더 짠지 꼭 이야기해 주세요. 하하.

핵심 정리

1. **염류** 해수에 녹아 있는 여러 가지 물질(염화나트륨 > 염화마그네슘 > 황산마그네슘)

2. **염분** 해수 1000g에 녹아 있는 염류의 총량을 g수로 나타낸 것

$$\text{염분}\ (‰) = \frac{\text{염류의 총량}}{\text{해수의 질량}} \times 1000$$

개념 풀이

1. 제주도에 놀러간 에리는 제주도 바닷물 500g을 담아 와서 물을 증발시켰습니다. 그랬더니 하얀 고체 가루가 남았습니다. 하얀 고체 가루의 정체는 무엇일까요?

[답 : 지구과학 2–8]

2. 이 하얀 고체의 질량을 측정했는데 15g이었대요. 제주도 바닷물의 염분을 구해 주세요.

[답 : 지구과학 2–9]

2 첫 세계 일주의 주인공이 마젤란?

여러분은 첫 세계 일주의 주인공이 '마젤란'이라는 이야기를 들어보셨죠? 그런데 정말로 마젤란이 맞을까요?

사실 마젤란도 처음부터 바다를 항해하여 지구를 한 바퀴 돌 수 있을 거라는 생각은 하지 못했습니다. 마젤란은 포르투갈의 항해가이자 탐험가였는데, 1517년 조국 포르투갈을 떠나 에스파냐로 가게 됩니다. 마젤란은 에스파냐의 국왕에게 서쪽 바다로 탐험할 것을 제안했고, 국왕의 동의를 얻은 마젤란은 1519년 에스파냐의 산루카르 항에서 출발을 하게 됩니다.

남아메리카 끝 부분에 들어섰을 때 그는 480km 가량의 미로 같은, 좁고 긴 만과 반도를 만나게 되었습니다. 그는 약 38일 동안 그 험한 물길을 헤메었는데 이곳이 바로 '마젤란 해협'입니다. 그는 지치지 않고 항해하였고, 1521년 괌에 상륙 후 필리핀으로 향하여 필리핀의 사마르 섬을 거쳐 리마사와 섬에 도착하게 됩니다. 마젤란은 이곳에 십자가를 세우고 에스파냐의 땅으로 선언합니다. 이것이 필리핀이 에스파냐의 식민 국가로 약 400년 동안이나 통치를 받게 되는 계기가 되었습니다. 이 후 세부 섬에 상륙한 마젤란은 세부 왕과 사이가 매우 좋았는데, 세부 왕이 자기의 적인 마크탄 왕을 무찔러 줄 것을 부탁하여, 부하들의 만류에도 불구하고 전쟁에 나갔다가, 화살에 맞아 죽고 말았답니다.

마젤란은 필리핀에서 죽었기 때문에 사실상 완벽한 세계 일주를 했다고는 할 수 없지만, 그가 포르투갈의 함대에 있을 때 아프리카 희망봉을 거쳐 필리핀 아래쪽에 있는 인도네시아 부근까지 온 적이 있기 때문에 첫 세계 일주에 성공한 사람으로 기록된 것이라고 하네요. 하지만 마젤란이 죽은 뒤 그의 부하 17명은 힘든 항해를 이겨내고, 1522년 9월 에스파냐의 세비야 항으로 돌아오게 됩니다. 그러니까 진정한 세계 일주의 첫 주인공은 이 17명의 부하들인 셈이죠. 그들은 처음으로 지구가 둥글다는 사실과 아메리카 대륙 서쪽에 지구에서 가장 넓은 바다, 지금의 태평양이 있다는 사실을 세상에 알렸을 뿐만 아니라, 지구를 한 바퀴 돌아 출발한 곳에 돌아오면 날짜가 하루 늦어진다는 사실도 밝혀냈다고 합니다.

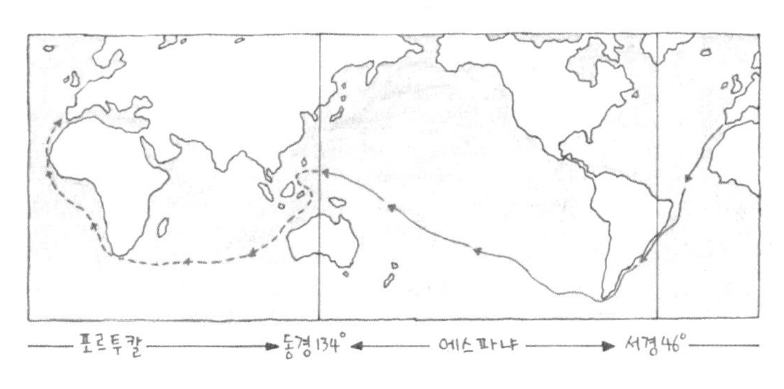

마젤란의 항해로

1. 지구는 정말 둥근 모양일까요?

마젤란의 세계일주로 지구가 둥글다는 것이 밝혀지기 전까지 사람들은 지구가 평평한 모양이라고 생각했습니다. 그래서 계속 걸어가면 언젠가는 툭 떨어질꺼라 생각했습니다. 하지만 지구가 둥글다는 사실을 이제는 모두 알고 있죠? 그럼 지구의 모양이 둥글다는 증거들을 몇 가지 들어볼까요?

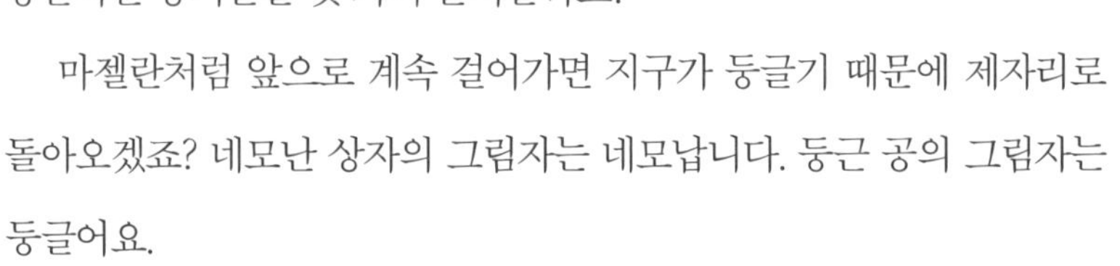

마젤란처럼 앞으로 계속 걸어가면 지구가 둥글기 때문에 제자리로 돌아오겠죠? 네모난 상자의 그림자는 네모납니다. 둥근 공의 그림자는 둥글어요.

달이 가려지는 월식이 일어날 때, 달에 지구의 그림자가 비치는데 이 때 비친 지구의 그림자가 둥글어요. 그건 지구가 둥글기 때문에 지구의 그림자도 둥근 모양이겠죠? 하지만 뭐니 뭐니 가장 확실한 증거는 지구 밖의 인공위성에서 촬영한 지구의 모습이 둥글다는 겁니다.

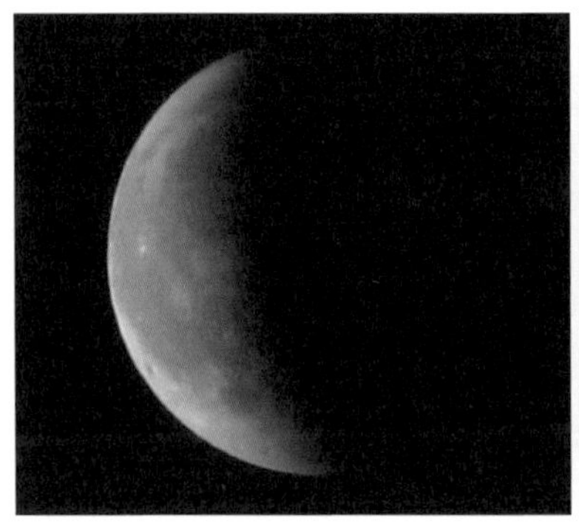

월식 때 달에 비친 지구

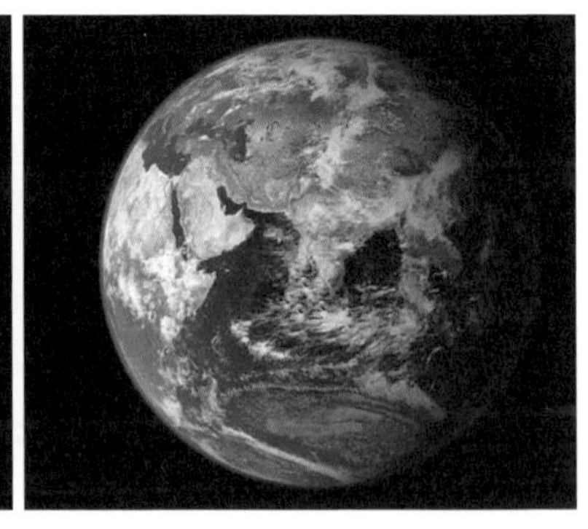

인공위성에서 촬영한 지구

(1) 돌고 도는 지구! 어지럽지 않니?

우선 지금부터 우리가 살펴볼 내용들은 중학교 3학년 때 아주 중요하게 공부하는 내용입니다. 중학교 3학년 때 공부할 내용이라 조금 어려울 수도 있지만 우리 재미있게 함께 공부해보겠습니다. 그런데 왠지 여러분이 마구 똑똑해지는 것 같지 않아요?

이제 더 똑똑해져 보자구요. 지구는 북극과 남극을 잇는 자전축을 중심으로 하루에 한 바퀴씩 서에서 동으로 스스로 돕니다. 이런 운동을 '지구의 자전'이라고 합니다. 이런 자전 운동을 하기 때문에 낮과 밤이 나타나기도 하고, 달이나 별이 밤에 뜨고 아침에 지는 현상도 나타납니다.

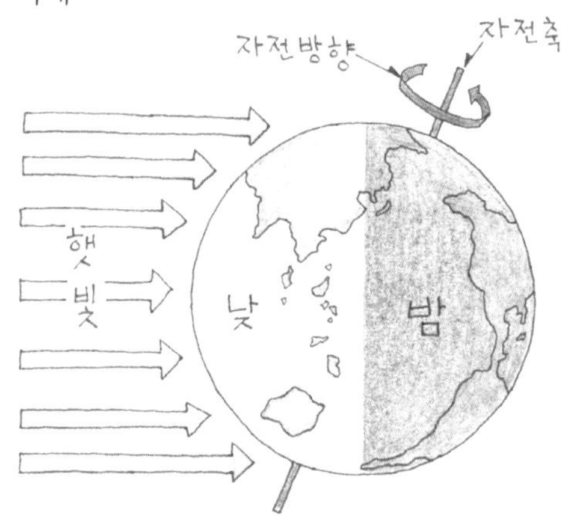

(2) 지구는 태양을 짝사랑하나 봐요?

지구는 자전 운동을 하면서 태양의 주위를 뱅뱅 돌기도 합니다. 지구는 태양의 주위를 일 년에 한 바퀴씩, 서에서 동으로 도는데 이런 운동을 '지구의 공전'이라고 합니다. 이런 지구의 공전 운동 때문에 지구에는 여러 가지 현상들이 나타납니다. 그러면 지금부터 지구가 공전하기 때문에 나타나는 현상들을 살펴보겠습니다.

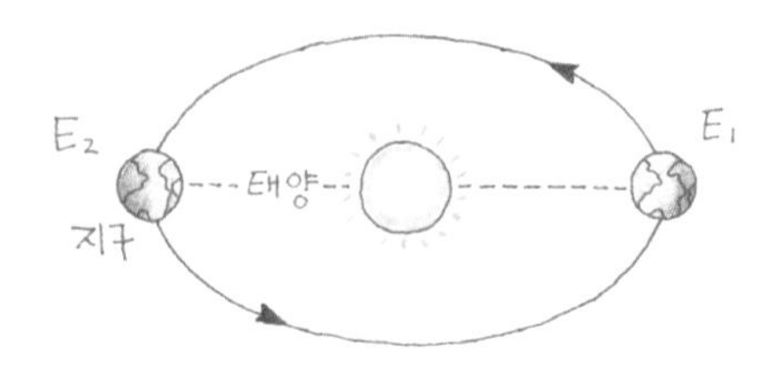

봄, 여름, 가을, 겨울, 계절 변화가 생겨요.

여러분은 혹시 '동지섣달 긴긴밤에 임 없이는 살아도, 삼사월 긴긴 해에 점심 없이는 못 산다.'라는 속담을 들어 본 적 있나요? 먹을 것이 풍요롭지 못하던 시절 동지섣달 기나긴 밤을 홀로 외롭게 지새우는 것보다도 삼사월 춘궁기 긴 낮 시간 동안 배곯는 고달픔이 더 절박하고 심각하다는 것을 강조하는 옛 속담입니다. 여기서 동지섣달 긴긴밤, 왜 긴 밤을 표현할 때는 꼭 동지섣달이라는 표현을 쓸까요? 삼사월 긴긴해, 삼사월해는 해가 긴가 봅니다. 이 속담을 우리 좀 과학적으로 생각해 보겠습니다.

지구의 자전축은 약 23.5° 기울어져 있는데 이렇게 자전축이 기울어진 채 지구가 공전하기 때문에 봄, 여름, 가을, 겨울 계절 변화가 나타납니다.

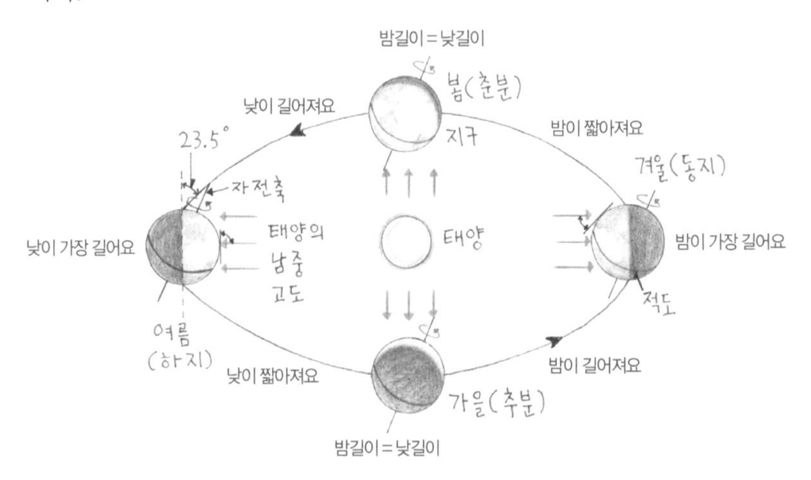

- 춘·추분 : 낮 길이 = 밤 길이
- 하지 : 낮 길이 > 밤 길이. 낮이 가장 길어요.
- 동지 : 낮 길이 < 밤 길이. 밤이 가장 길어요.

하루는 24시간이니까 24시간 중 낮이 길면 밤은 짧은 것이고, 밤이 길면 낮이 짧은 거겠죠?

3월 21일 경에는 낮과 밤의 길이가 12시간씩 똑같아지는데 이때를 '춘분'이라고 합니다. 이날부터 낮의 길이가 점점 길어져서, 6월 22일경에는 낮의 길이가 일 년 중 가장 길게 나타나는데, 이때를 '하지'라고 합니다. 하지를 지나면 다시 낮의 길이가 짧아지고, 밤은 길어져서 9월 23일경에는 낮과 밤의 길이가 다시 똑같아지는 '추분'이 되고, 낮이 계속 짧아져서 12월 22일경에는 낮이 가장 짧고 밤이 가장 긴 '동지'가 됩니다. 동지 이후부터 낮의 길이가 다시 길어져서 춘분, 이렇게 춘·하·추·동지, 그러니까 봄, 여름, 가을, 겨울이 반복됩니다. 그러니까 동지는 일 년 중 밤이 가장 긴 날이고 삼사월이 되면 낮이 점점 길어져서 먹을 것도 없는데 낮은 길고, 얼마나 힘들었으면 이런 속담까지 나왔겠어요? 풍족하게 음식 걱정 안하며 사는 여러분은 정말 감사하는 마음을 가져야 하겠죠?

지구는 정말 돌까요?

'그래도 지구는 돌고 있다'

누구의 말인지 알고 있죠? 바로 '갈릴레이'입니다. 오랜 옛날에는 지구가 우주의 중심이라고 생각했습니다. 우린 지구인이니까, 이렇게 지구가 우주의 중심이며 태양, 별, 달 등 모든 천체가 지구의 주위를 돌고 있다는 주장을 '천동설'이라고 하는데 사람들은 모두 천동설을 믿었습니다.

그러던 어느 날 코페르니쿠스가 나타났습니다. 코페르니쿠스는 〈천체 회전에 관하여〉라는 책을 발간하면서 지구는 우주의 중심이 아니라고 주장했습니다. 지구는 우주의 중심이 아니라 태양의 주위를 돌고 있다는 '지동설'을 주장하게 되는데 물론 아무도 관심을 갖지 않았습니다. 그 후 몇몇 학자들은 코페르니쿠스의 지동설을 연구하고 지동설이 맞다고 함께 주장하게 되었습니다. 그 중 한 명이 갈릴레이였습니다. 하지만 그 당시 가톨릭교회에서는 지구가 우주의 중심이고 지구에 사는 인간이 하나님에게 가장 중요한 존재라는 믿음에 지동설은 맞지 않는다고 생각하여 〈천체 회전에 관하여〉를 비롯한 갈릴레이의 〈두 체계에 대한 대화〉를 금서 목록으로 정하고 67세의 갈릴레이를 이단으로 몰아 재판을 하게 됩니다. 결국 갈릴레이는 절대로 지동설을 전파하지 않겠다고 서약하고 심문소를 나오면서 '그래도 지구는 돌고 있다.'라는 말을 했다고 합니다. 물론 정말 그런 말을 했는지는 확실치 않답니다.

그 후로도 오랜 시간이 지난 후에야 사람들은 지구가 태양의 주위를 돈다는 것을 인정하게 되었습니다. 그런데 지동설이 인정받는데 큰 공헌을 한 또 한 사람이 바로 독일의 '베셀'이라는 과학자였습니다. 베셀은 백조자리 61번 별의 시차를 측정하는데 성공하였고, 이 별의 시차는 지구 공전의 가장 확실한 증거가 되었습니다. 별의 시차는 반드시 지구가 공전을 해야만 나타나는 현상입니다. 그럼 별의 시차를 그림으로 살펴볼까요?

별의 시차란?

먼저 손가락 하나를 두 눈의 가운데에 가져가세요. 그리고 한 쪽 눈을 감고 손가락의 위치를 확인한 다음, 반대쪽 눈을 감고 손가락 위치를 확인해 보세요. 손가락의 위치가 달라져 보이는 것이 느껴지나요? 이런 것이 바로 '시차'입니다. 여러분의 손가락은 움직인게 아닌데 어느 쪽에서 손가락을 보느냐에 따라 손가락의 위치가 달라져 보이는 것입니다. 이번엔 지구로 가볼까요?

지구가 E_1에 있을 때 멀리 있는 별 S는 S_1의 위치에서 보이고, 지구가 E_2의 위치에 있을 때는 별 S가 S_2의 위치에서 보이는데, 이때 $\angle E_1SE_2$를 별의 시차라고 합니다. 생각해 보세요. 지구가 움직이지 않는다면 E_1에서 E_2로 이동할 수 없고, 이동할 수 없다면 당연히 시차는 나타나지 않잖아요. 반대로 별의 시차가 나타났다는 것은 지구가 E_1에서 E_2로 움직였다는 말이니까 지구가 공전한다는 증거가 됩니다. 그래서 별의 시차는 지구 공전의 가장 확실한 증거라고 합니다.

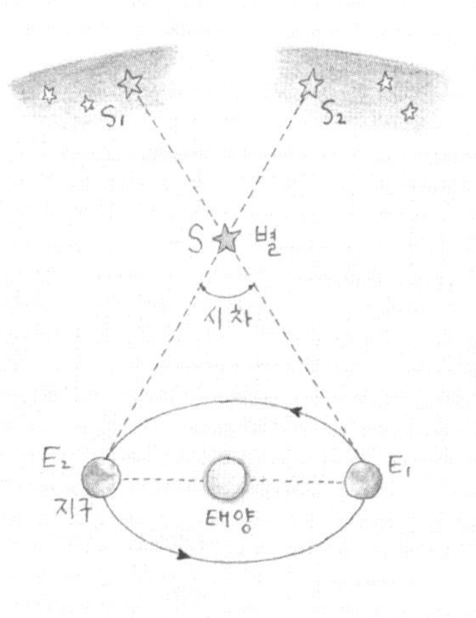

봄, 여름, 가을, 겨울, 별자리가 달라져요

어제 별자리 성격에 대해 살짝 이야기 나눴었죠? 9월은 사자자리, 10월 처녀자리, 이렇게 계절마다 별자리가 달라집니다. 왜 그럴까요? 그것은 지구가 공전하기 때문입니다. 다음 그림을 먼저 보겠습니다.

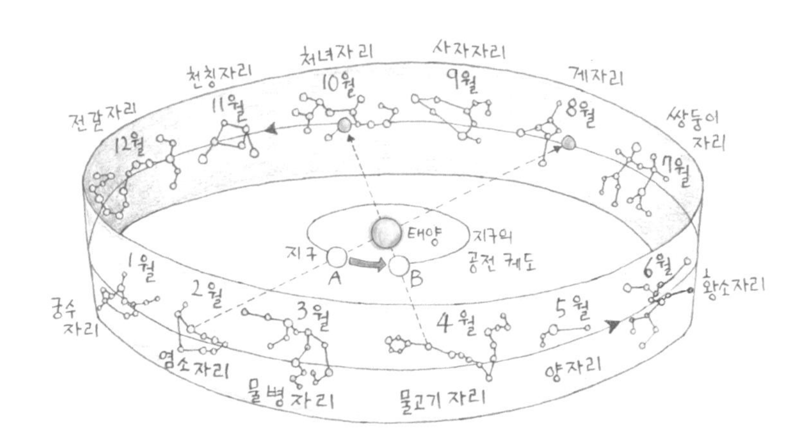

예를 들어 지구가 A에 위치해 있다면 지구에서 한밤중에 염소자리를 관측할 수 있겠죠? 참고로 태양이 있는 쪽은 낮이니까 별자리를 볼 수가 없습니다. 그러면 지구가 B에 위치해 있다면 한 밤중에 어떤 별자리를 볼 수 있을까요? 물고기자리? 딩동댕!

지구는 1년, 12달 동안 태양의 주위를 한 바퀴 공전하는데, 지구가 공전하는 길(공전궤도) 주위에는 12개의 별자리가 있습니다. 이 별자리를 '황도 12궁'이라고 합니다. 지구는 1달에 별자리 하나씩을 지나갑니다. 그러니까 지구가 공전을 하기 때문에 계절마다 볼 수 있는 별자리가 다릅니다.

핵심 정리

1. 지구가 둥근 증거

- 월식 때 달에 비친 지구의 그림자가 둥급니다. (아리스토텔레스의 관측 및 주장)
- 한 방향으로 계속 항해하면 제자리로 돌아옵니다. → 마젤란의 세계 일주 성공
- 지구 밖 인공위성에서 촬영한 지구의 모양이 둥급니다.

2. 지구 자전

자전축을 중심으로 하루에 한 바퀴 서에서 동으로 도는 현상

3. 자전에 의한 현상

- 낮과 밤의 반복 : 태양을 향하는 쪽은 낮, 반대쪽은 밤, 지구의 자전으로 낮과 밤이 매일 반복됩니다.
- 태양, 달, 별 등 천체의 일주 운동

4. 지구 공전

태양의 주위를 일 년에 한 바퀴 서에서 동으로 도는 현상

5. 공전에 의한 현상

계절 변화, 연주 시차, 계절에 따른 별자리 변화

개념 풀이

1. 지구가 둥근 증거에 대해 세 가지만 예를 들어주세요. 단, 〈핵심 정리〉에 정리되어 있지 않은 현상들 중 우리 주변에서 관측할 수 있는 예로 들어주세요.

[답 : 지구과학 2–10]

2. 지구의 자전 방향과 속도를 구해 주세요. (단, 속도의 단위는 °/시 로 나타내 주세요.)

[답 : 지구과학 2–11]

2. 지구를 사랑한 달

달은 지구를 약 한 달에 한 바퀴씩 서에서 동으로 도는 공전 운동을 합니다. 또 지구를 사랑하다보니 지구를 닮아가나 봅니다. 스스로 도는 자전 운동도 하는데, 자전 방향 역시 지구와 같은 서쪽에서 동쪽입니다. 달은 지구가 봐주기를 바라면서 자꾸만 변신도 합니다. 어느 날은 반달, 어느 날은 보름달, 가끔 정말 삐지면 사라지기도 하지요.

(1) 왜 달 속의 토끼는 매일 방아만 찧을까?

달에는 토끼가 방아를 찧고 있죠? 몇 년 전에도 토끼는 방아를 찧고, 어제도 찧더니 아마 내일도 찧겠죠. 근데 왜 달 속의 토끼는 매일 방아만 찧을까요? 왜 우리는 달의 한 쪽면만 볼 수 있는 걸까요? 그것은 달의 공전 주기와 자전 주기가 같아서 지구에서 달을 볼 때, 항상 같은 면만 볼 수 있기 때문입니다. 다음의 그림을 보겠습니다.

여러분은 지구에 있고 토끼는 달에 있습니다. 여러분은 A 위치에 있는 토끼의 얼굴을 보고 있습니다. 토끼가 지구 주위를 90도 공전하여 B로 이동한 뒤, 제자리에서 90도를 자전하면 또 토끼의 얼굴은 지구 쪽을 향하겠죠? 다시 토끼가 90° 공전하여 C 위치로 가서 제자리에서 90° 자전을 하면 또 토끼의 얼굴이 보여요. 이렇게 토끼가 있는 달은 공전 주기와 자전 주기가 같기 때문에(90° 공전하는 동안 90° 자전한다.) 지구에서는 항상 같은 면만 볼 수 있습니다.

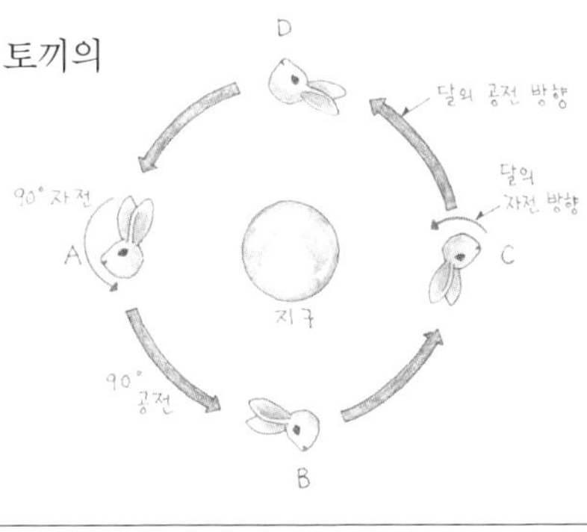

하지만 이제 우리는 달의 뒷통수도 볼 수 있게 되었습니다. 우리가 띄운 위성이 달의 뒤쪽으로 가서 영상을 짜잔 보내주기 때문에 달의 뒷 모습도 볼 수 있게 되었습니다. 물론 영상이나 사진으로만 볼 수 있긴 하지만요.

(2) 달은 변신의 달인

달은 변신의 달인! 달은 매일 매일 그 모습이 조금씩 변하는데, 이것은 달이 지구 주위를 공전하기 때문에 나타나는 현상입니다. 달은 스스로 빛을 내는 천체가 아니죠? 달이 밝게 보이는 이유는 달이 태양의 빛을 반사시키고, 그 빛이 지구로 들어오기 때문에 지구에서 밝은 달을 볼 수 있는 겁니다. 그러니까 달빛은 달이 반사시킨 태양 빛인거예요. 그런데 어느 날은 달이 반사시킨 빛이 지구에 조금 도달해서 초승달이나 그믐달처럼 조그만 달이 보입니다. 어느 날은 달의 한 쪽면 전부에서 태양

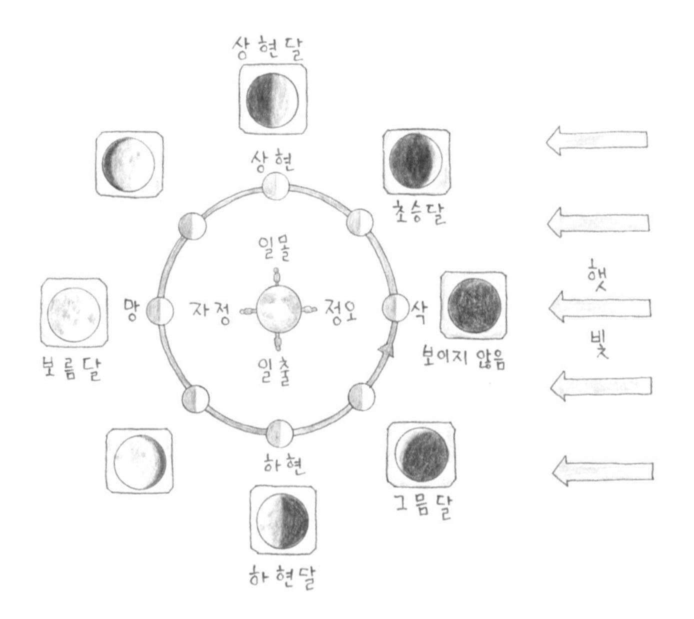

빛을 반사시킵니다. 이럴 때 보름달이 보입니다. 또, 어느 날은 태양 빛에 가려져서 보이지 않을 때도 있는데 이런 달을 '삭'이라고 합니다.

달이 약 한 달에 한 번씩 지구 주위를 공전하기 때문에 한 달에 한 번씩 삭 → 초승달 → 상현달 → 보름달 → 하현달 → 그믐달 → 다시 삭, 이렇게 변신을 합니다. 달의 이름은 매우 중요하므로 꼭 기억해 두세요.

(3) 달의 공전 주기

그런데 사실 달이 지구 주위를 정확히 한 달에 한 바퀴를 공전하는 것은 아닙니다. 달이 지구 주위를 한 바퀴 도는 데 걸리는 시간을 공전 주기라고 하는데, 달의 공전 주기는 기준에 따라서 둘로 나눕니다. 별을 기준으로 하는 '항성월'과 달의 모양을 기준으로 하는 '삭망월'이 있는데, 다음 그림을 보면서 이해해 볼까요?

- 항성월 : 달이 별과 나란한 위치에서 출발해서 한 바퀴 돌고, 다시 별과 나란한 위치까지 오는데 걸리는 시간을 항성월이라고 합니다.
- 삭망월 : 달이 삭에서 삭 또는 망에서 망이 될 때까지 걸리는 시간을 삭망월이라고 합니다.

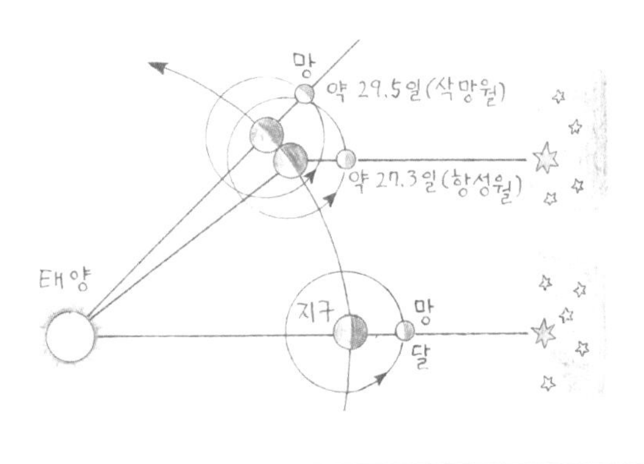

핵심 정리

1. 달의 한쪽 면만 보이는 이유 자전 주기와 달의 공전 주기가 약 27.3일로 같기 때문입니다.

2. 달의 모양 변화 스스로 빛을 내지 못하므로 지구 주위를 공전하면서 위치에 따라 밝게 보이는 부분이 달라져 모양이 변합니다.
삭 → 초승달 → 상현달 → 보름달 → 하현달 → 그믐달 → 삭

3. 달의 공전 주기

- 항성월 : 별과 나란한 위치에서 다시 별과 나란한 위치까지 돌아오는 데 걸리는 시간(약 27.3일)
- 삭망월 : 삭(망)에서 삭(망)까지 걸리는 시간(약 29.5일)

개념 풀이

1. 그림은 지구 주위를 공전하는 달의 모습을 나타낸 것입니다. A~F의 이름과 모양을 그려주세요.

[답 : 지구과학 2-12]

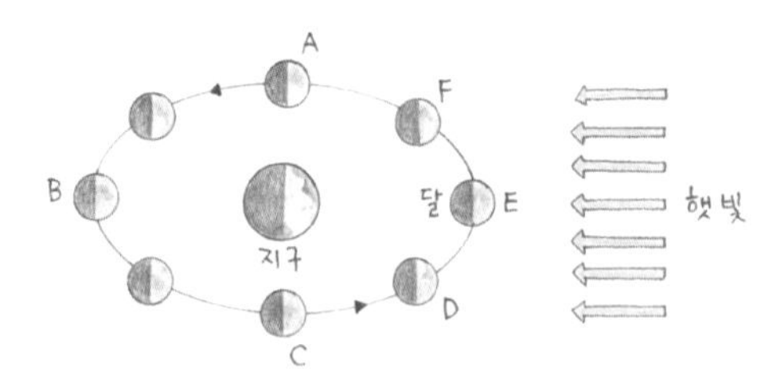

개념 풀이

[2-3] 아래 그림은 지구와 달의 공전 모습을 나타낸 것입니다.

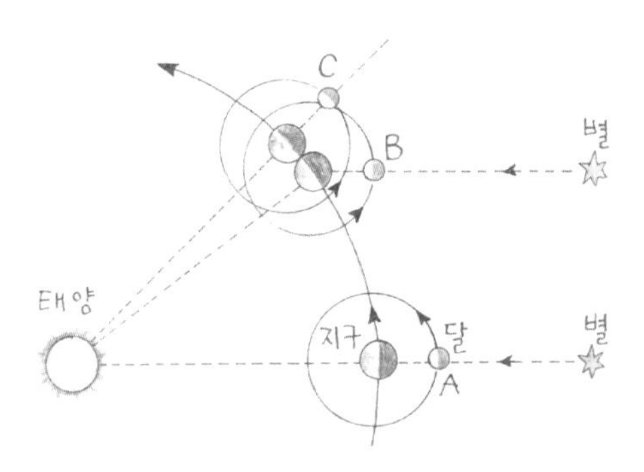

2. 달이 A에서 B까지 가는 데 걸리는 시간과 A에서 C까지 가는 데 걸리는 시간을 무엇이라고 하는지 써주세요.

[답 : 지구과학 2-13]

3. A~B까지 걸리는 시간과 A~C까지 걸리는 시간은 약 2.2일 차이가 납니다. 왜 그럴지 이유를 생각해 볼까요?

[답 : 지구과학 2-14]

우리 몸이 교과서! 동물!

엘쌤의 한마디!

안녕하세요. 여러분과 함께 생명과학을 공부하게 될 '엘쌤'이에요.
여러분들은 초등학교에서 소화, 순환, 호흡, 배설, 감각기관
등에 대한 기초 지식을 조금씩 공부했었어요.
이번에는 여러분들이 배웠던 소화, 순환, 호흡, 배설 과정들이
각각의 과정이 아닌 연결되는 과정임을 배우고, 세포분열,
사람의 생식기관에 이어 임신과 출산, 유전까지 조금 더 깊게
들어가보도록 하겠습니다.

S c i e n c e

1 잘 먹고 잘 사는 우리의 몸!

우리 몸의 기본적이면서도 신기한 여러 현상을 알고 있나요?

맛있는 음식을 잘 먹으면 키도 쑥쑥 자라고, 건강해지고, 힘이 나서 공부도 열심히, 노는 것도 열심히 할 수 있잖아요. 다이어트 한다고 굶거나 하면 힘이 없고 공부도 잘 안되고, 자주 아프죠. 잘 먹어야 건강하게 오래오래 살 수 있겠죠? 살아가면서 음식을 잘 먹지 못해도 아프고, 소화가 잘 안 되도 아프고, 숨 쉬지 못하면 죽을 수도 있는걸 보면 소화 · 순환 · 호흡 · 배설이 얼마나 중요한 일인지 짐작이 가죠? 그래서 우리 몸에서 일어나는 이 가장 기본적인 작용들을 먼저 공부해보겠습니다.

1. 우리 몸은 움직이는 발전소! 세포 호흡

엘쌤은 밥도 좋아하지만 빵도 좋아해요. 집에서 취미로 빵을 만들기도 했답니다. 빵을 만들려면 어떤 준비물이 필요할까요? 밀가루, 달걀, 설탕, 버터 등이 있습니다. 이런 준비물을 가지고 빵을 만들고 나면 맛있는 빵도 만들어지지만 엄청난 설거지거리들과 쓰레기들이 많이 생기지요. 이처럼 우리 몸에서도 여러 가지 준비물을 가지고 우리에게 필요한 에너지를 만드는 과정이 일어나게 되요. 이러한 과정을 과학에서는 '세포호흡'이라고 해요. 준비물인 포도당과 산소를 이용해서 에너지를 만들고 물과 이산화탄소 등의 쓰레기(노폐물)가 생기는 과정이랍니다.

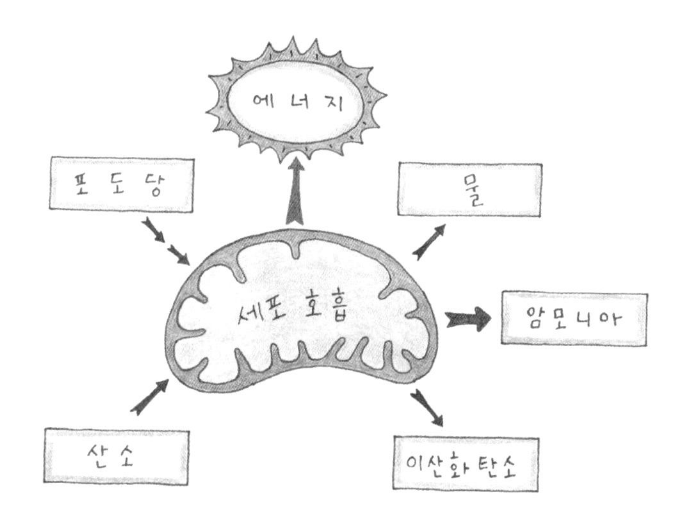

세포 호흡 과정

이렇게 우리 몸에서 에너지를 만들어낼 수 있으니 우리 몸은 각자가 움직이는 발전소입니다. 우리는 이 에너지를 가지고 말하고, 공부하고, 운동하고, 보이지는 않지만 체온도 조절하고, 살아가는데 필요한 모든 것들을 할 수 있습니다. 그러니까 어마무시하게 중요한 기능입니다. 다시 한 번 이 어마무시하게 중요한 기능인 '세포호흡' 과정을 살펴보겠습니다.

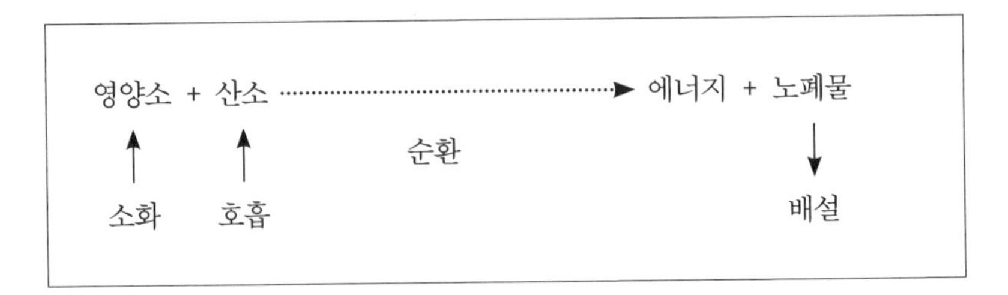

준비물 중에 영양소(포도당)를 얻는 과정이 '소화', 산소를 얻는 과정이 '호흡', 이 포도당과 산소를 온 몸의 곳곳에 전달해주는 과정이 '순환', 만들어진 노폐물인 물과 이산화탄소, 암모니아 등을 몸 밖으로 내보내는 과정이 '배설'입니다. 자, 이제 이 과정들을 하나씩 살펴볼까요?

2. 포도당을 얻자! 소화

에너지를 얻기 위해 우선 준비물인 영양소를 우리 몸에 공급해줘야 할텐데, 우리는 식물처럼 스스로 영양소를 만들 수 없으니 열심히 음식물로 호로록 먹어줘야 합니다. 음식물 안에는 탄수화물(녹말), 지방, 단백질 등이 들어 있습니다. 그렇지만 음식물을 먹기만 한다고 바로 세포 속으로 흡수되지는 않아요. 음식물 안에 들어있는 영양소는 너무 덩어리가 커서 세포 안에 들어가기 어렵습니다. 그래서 그 영양소를 세포 안에 쏙쏙 들어갈 수 있도록 아주 작은 크기로 분해해야 하는데, 이 과정이 바로 소화입니다. 커다란 덩어리인 녹말을 아주 작은 포도당으로 분해하는 과정이에요.

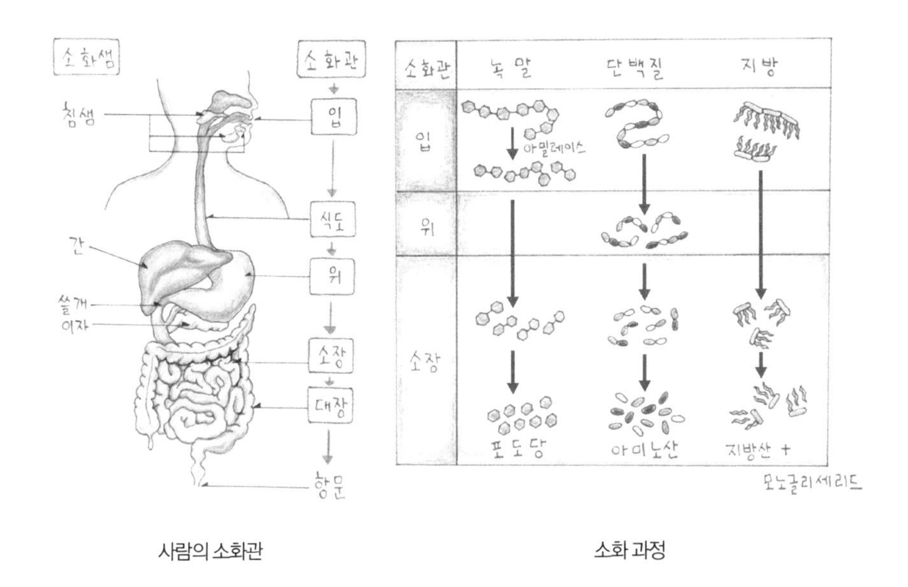

사람의 소화관

소화 과정

우리가 음식물을 입에서 먹으면 식도, 위, 소장을 거쳐 가게 되는데 이때 덩어리가 큰 음식물이 아주 작은 영양소로 분해됩니다. 이때 덩어리가 큰 음식물 속 영양소를 아주 작은 영양소로 분해하려면 소화효소라는 요술지팡이가 필요해요. 이 요술지팡이는 영양소별로 다른 것을 사용하는데 녹말을 분해하는 지팡이(효소)는 '아밀레이스'입니다. 국민 MC하면 유느님을 떠올리는 것처럼 국민 소화효소하면 바로 이 '아밀레이스'를 생각할 수 있습니다. 침속에 들어있는 이 아밀레이스는 엄마와 아빠가 아밀라아제라고 배웠던 그 소화효소입니다. 부모님께 한번 여쭤보면 기억하고 계실꺼에요. 녹말은 입에서 처음, 소장에서 마지막으로 소화가 되어 포도당이라는 아주 작은 영양소로 분해됩니다.

다른 지팡이(효소)는 위와 소장에서 단백질을 분해해서 아미노산으로, 또 다른 지팡이(효소)는 소장에서 지방을 지방산과 모노글리세리드라는 작은 영양소로 분해하는데 이 모든 분해가 다 끝나면 소장에서 세포 속으로 쏙쏙 흡수됩니다.

3. 산소를 먹자! 호흡

에너지를 만들기 위한 또 다른 준비물, 산소도 필요하겠죠? 여러분들도 아는 것처럼 산소는 공기 중에서 호흡을 통해 얻을 수 있습니다. 공기가 코 → 기관 → 기관지 → 폐로 오면 폐를 둘러싼 모세혈관을 통해 산소와 이산화탄소의 교환이 일어납니다. 우리 몸에 필요한 산소를 몸속으로 흡수하고 우리 몸에서 만들어진 쓰레기 중 하나인 이산화탄소를 몸 밖으로 내보내는 일을 합니다. 폐는 마치 포도송이 같은 폐포가 주렁주렁 매달려 있는데 이 폐포가 모세혈관으로 둘러싸여 있답니다.

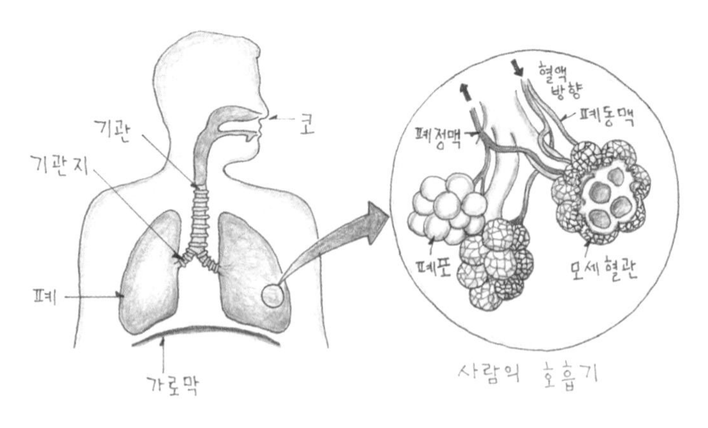

호흡기관

모세혈관은 폐포 곳곳을 모두 거치기 때문에 산소와 이산화탄소를 서로 바꾸기가 좋아요.

풍선에 공기를 넣으면 풍선이 부풀어 오르고, 풍선을 누르면 공기가 빠져나오면서 풍선이 작아지는 것처럼 폐안에 공기가 들어오면 폐가 커지고, 공기가 빠져 나가면 폐가 작아집니다. 그런데, 이 폐는 풍선과 같이 근육이 없어요. 근육이 있어야 스스로 운동하면서 커지고 작아질 수 있거든요. 그러다보니 폐를 감싸고 있는 갈비뼈와 가로막이 대신해서 운동을 해줍니다. 폐 대신 갈비뼈와 가로막이 폐의 크기를 크게, 작게 해주는 거에요. 자, 이제부터 갈비뼈에 손을 대고 숨을 쭉 들이마셔 보세요. 갈비뼈가 올라가는 게 느껴지죠? 숨을 들이마시는 들숨일 때는 갈비뼈가 올라가고 가로막은 내려가서 폐 주위 공간(흉강)을 넓게 만들어주면 폐에 공기가 들어와서 폐가 부풀게 됩니다. 이렇게 들숨이 되면 공기 속에 있는 산소를 몸속으로 흡수하고, 반대로 날숨일 때 숨을 내쉬면서 몸 속 이산화탄소를 많이 내보냅니다.

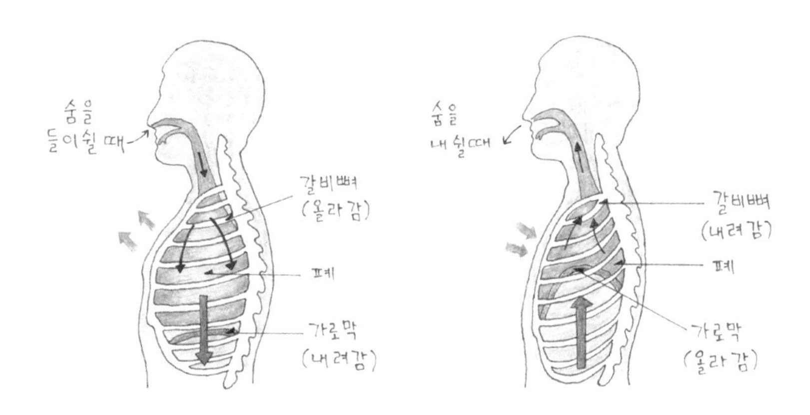

들숨과 날숨

4. 돌고, 돌고, 돌고! 순환

자, 이제 영양소와 산소라는 재료를 준비했습니다. 이 재료를 우리 몸의 곳곳의 세포로 보내야 하는데 우리 몸의 모든 곳곳에 갈 수 있는 것이 바로, 혈액입니다. 혈액에는 적혈구, 백혈구, 혈소판, 혈장이라는 성분이 있는데 적혈구는 산소를 운반해주고, 혈장(액체 성분)이 영양소와 이산화탄소를 운반해줍니다. 백혈구는 세균을 잡아먹는 식균 작용, 혈소판은 상처 부위에 피딱지가 생기게 하는 역할을 담당합니다.

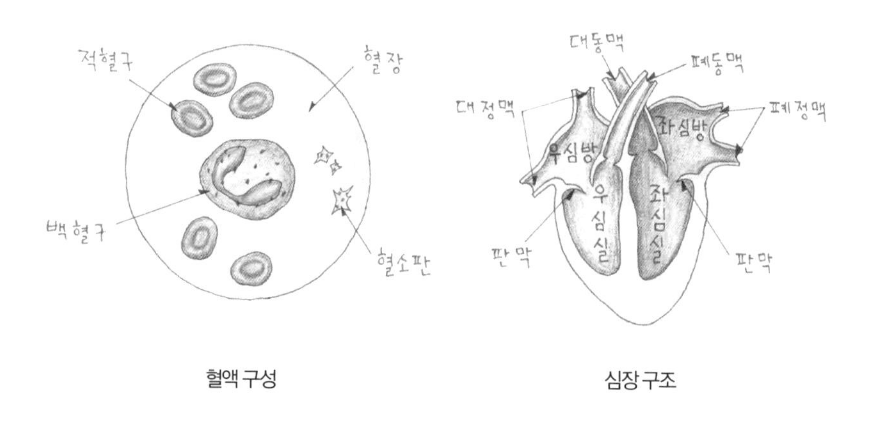

혈액 구성 　　　　　　　　　 심장 구조

이 혈액이 온몸의 곳곳에 있는 세포로 잘 이동을 하려면 마치 톨게이트처럼 어떤 문을 지나가야 하는데 그 문이 바로 심장입니다. 2pm의 'Can you feel my heartbeat'라는 곡을 알죠? 심장을 치는 안무와 함께 부르는 노래!

혈액이 온몸을 돌 수 있는 건 바로 이 심장의 Heart Beat!(심장박동) 때문이에요. 또, 톨게이트를 보면 들어가는 곳과 나가는 곳이 있는 것처럼 심장도 들어가는 곳과 나가는 곳이 정해져 있습니다. 정맥 → 심방으로 혈액이 들어가고, 심실 → 동맥을 통해 혈액이 나갑니다.

- 온몸 순환 : 좌심실 → 대동맥 → 온몸 → 대정맥 → 우심방
- 폐순환 : 우심실 → 폐동맥 → 폐 → 폐정맥 → 좌심방

영양소와 산소를 가진 혈액은 좌심실에서 대동맥을 통해 나와 온몸을 돌며 곳곳의 세포에 영양소와 산소를 전달해주고, 세포호흡 결과 생긴 쓰레기인 이산화탄소를 받아서 대정맥을 거쳐 다시 우심방으로 들어오는데 이렇게 크게 온몸을 도는 순환을 '온몸 순환(체순환)'이라고 합니다.

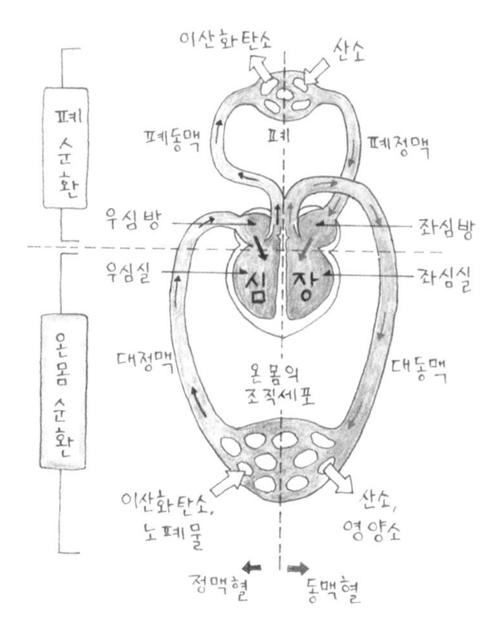

혈액 순환

이 이산화탄소를 가지고 우심실에서 나와 폐로 가서 이산화탄소를 버리고 들숨을 통해 폐로 들어온 산소를 다시 받아오는 과정이 '폐순환'입니다.

이렇게 온몸을 돌고, 돌고, 돌면서 영양소, 기체, 노폐물 등을 이동시켜주는데 걸리는 시간이 1분 정도라니 놀랍죠. 그러니 지금 순간에도 혈액은 돌고 돌면서 열심히 운반을 하는 중이랍니다.

5. 쓰레기 분리 수거! 배설

이렇게 해서 영양소와 산소가 세포 곳곳에 가서 에너지를 만들면서 노폐물이 생기게 되는데, 이 때 노폐물을 몸 밖으로 내보내는 과정이 배설입니다. 쉽게 말하면 쓰레기 분리 수거를 하는 겁니다. 참고로 말하면 💩이 생기는 것은 배설이 아닌 소화 후 생긴 찌꺼기를 배출한다고 말합니다.

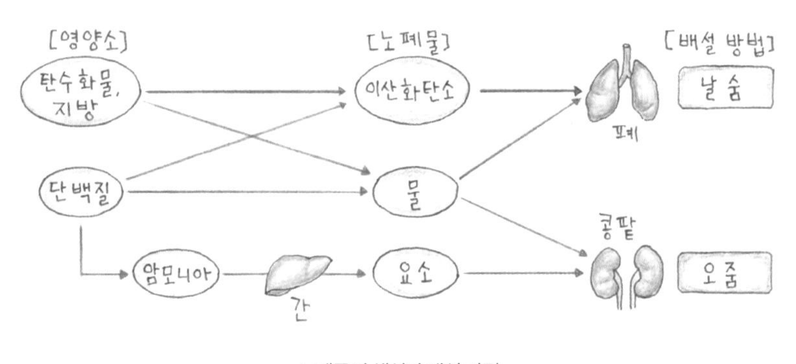

노폐물의 생성과 배설 과정

특이한건 단백질의 세포 호흡 결과로는 노폐물이 하나 더 생기는데, 바로 암모니아입니다.

암모니아 알죠? 엘쌤은 실험할 때 냄새가 너무 독해서 숨을 못 쉬곤 했어요. 생각만 해도 코끝이 슬퍼질 정도에요.

이 암모니아는 물에 잘 녹고 독성이 강해서 몸속에 계속 쌓이면 세포를 다치게 할 수 있습니다. 그래서 이 독성이 강한 암모니아를 간에서 독성이 적은 요소로 바꾼 후에 콩팥을 거쳐 오줌으로 내보냅니다.

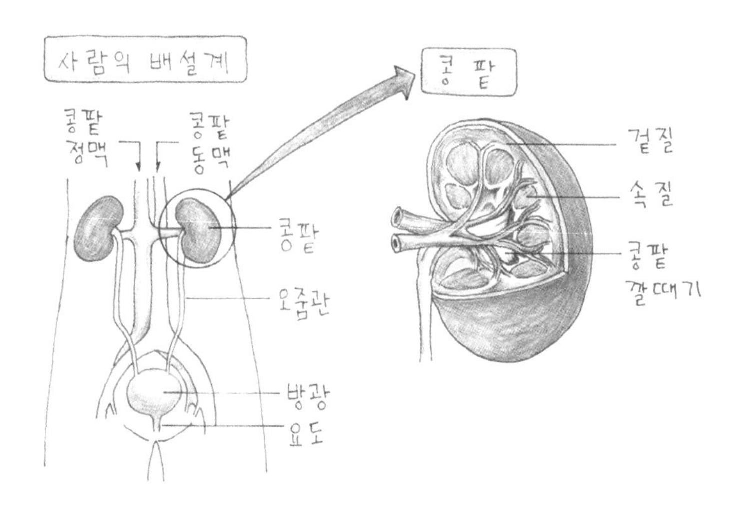

우리가 쓰레기를 분리수거할 때 재활용하기도 하는 것처럼, 콩팥에서도 필요한 영양소를 재흡수한답니다. 포도당과 아미노산은 그대로 버려지면 안 되는 영양소이기 때문에 100% 재흡수해요. 이때 포도당이 모두 재흡수되지 않으면 오줌에 당이 섞이게 되는데 이런 질병을 당뇨병이라고 합니다.

이처럼 소화, 순환, 호흡, 배설, 세포호흡이라는 과정이 모두 따로가 아닌 우리가 생명 활동에 필요한 에너지를 얻기 위해 연결되는 과정입니다. 빵 만드는 공장에서 버터를 양에 맞춰 자르고, 녹이고, 밀가루와 섞고, 빵이 만들어지면 포장하는 등의 일들이 결국 빵을 만들기 위한 공통된 기능인 것과 같습니다. 우리 몸의 곳곳에서 일어나는 이 수많은 기능들이 우리에게 에너지를 만들어주기 위한 과정이라니, 이 에너지를 잘 사용해서 우리는 정말 잘 자라야겠죠?

핵심 정리

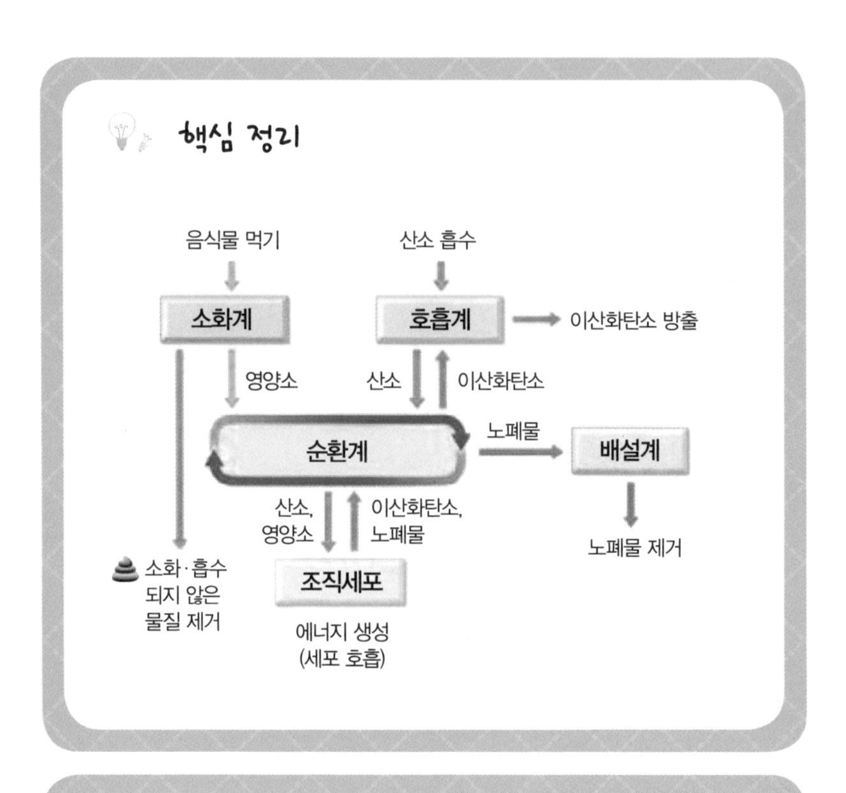

개념 풀이

1. 오늘 우리가 3대 영양소인 탄수화물, 단백질, 지방을 모두 먹었다면, 이 영양소가 우리 몸속에서 소화과정을 모두 거친 후 최종 분해 산물은 각각 무엇일까요?

[답 : 생명과학 1-1]

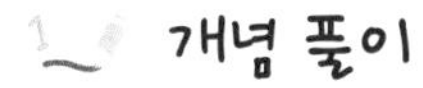

개념 풀이

2. 온몸에 산소와 영양소를 공급하고 이산화탄소와 노폐물을 받아오는 순환과정을 써보세요.

[답 : 생명과학 1-2]

3. 다음은 들숨과 날숨을 비교한 표입니다. 빈 칸을 채워보세요.

[답 : 생명과학 1-3]

	공기 이동	갈비뼈	가로막	폐
들숨	밖 → 폐	①	내려간다	③
날숨	폐 → 밖	②	올라간다	④

4. 단백질이 분해된 결과로 암모니아가 발생하게 되는데, 이 암모니아는 어떻게 배설되는지 설명해보세요.

[답 : 생명과학 1-4]

2 자라고 반응하는 우리의 몸!

"자라나는 우리 몸이 언젠가 임신과 출산도 하잖아요?
그 과정을 알아볼까요?"

앞에서 배운 것처럼 우리가 영양소를 잘 섭취해서 세포호흡을 통해 에너지를 많이 만들게 되면 그 에너지를 이용해서 키가 쑥쑥 자라고, 시간이 흐르면서 어른이 되고, 결혼해서 아기를 낳고 그 아이를 보면서 행복해하겠죠? 자, 이번엔 우리의 몸이 어떻게 해서 자라게 되고, 임신과 출산 과정은 어떤지, 또 무언가를 본다는 것은 어떤 반응인지 공부해보겠습니다.

1. 키가 커지는 체세포분열

여러분들의 여러 고민 중 하나가 바로 키일 거예요. 엘쌤도 그랬답니다. 지금은 키가 고민이어도 몇 달 사이에 키가 엄청 자라서 놀라는 여러분들 모습을 보게 될 수도 있으니 기대하기로 해요. 어린아이가 어른처럼 키가 자라는 건 우리 몸에서 대체 어떤 일이 생기기 때문일까요? 사람은 많은 수의 세포로 이뤄져있는 다세포생물인데 이 세포의 수가 늘어나면 몸집이 커지고 키가 자라게 된답니다.

코끼리와 쥐의 세포 수를 비교한다면, 코끼리의 세포 수가 쥐보다 엄청 많은 거에요. 결국 키가 더 커지려면 세포 수를 늘려야 한다는 말인데, 세포 1개가 세포 2개로 분열해서 세포의 수를 늘린답니다. 이것이 바로 체세포분열입니다. 잠깐, 세포의 크기가 커지면 안되냐구요? 좋은 질문입니다. 우리 몸에 있는 세포는 크기가 너무 작아서 눈으로는 안보여요. 이 세포를 현미경으로 보면 그 안에 또 다른 작은 기계(통틀어 세포 소기관이라고 합니다.) 같은걸 가지고 있습니다. 이 기계에서도 각각 담당하는 일을 잘 해내고, 이 세포의 기능이 잘 수행되려면 세포 안으로 물질이 잘 들어가고 밖으로 물질이 잘 빠져나오고 해야 합니다.

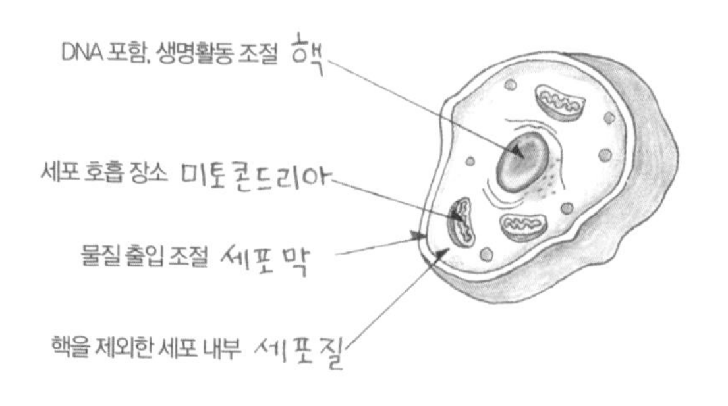

세포의 구조와 기능

두부조림을 먹을 때를 생각해보면 작게 자른 두부는 조림 양념이 두부 안쪽까지 잘 흡수되는데 엄청 큰 두부 통째로 조리면 그 양념이 두부 겉에만 흡수되고 두부 안쪽은 싱겁게 되죠? 세포의 크기가 큰 것보다 작은 것이 물질 교환이 더 효율적이기 때문에 세포가 어느 정도 커지면 더 이상은 커지지 않고 세포분열로 세포 수를 늘립니다.

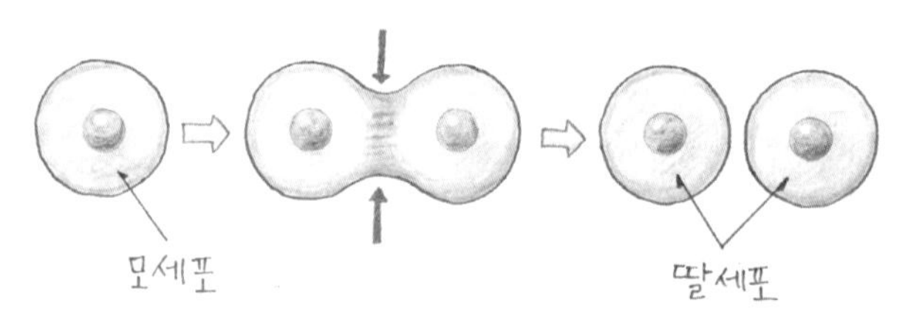

체세포분열 과정

사람과 같은 동물은 온몸에서 체세포분열이 일어나서 키가 커지고 몸집이 자라는데 이것을 생장이라고 합니다. 또는 상처가 났을 때 세포 수를 늘려서 새살이 돋게 하는 것도 체세포분열 덕분입니다. 위의 그림처럼 하나의 세포(모세포 : 분열 전 세포)가 체세포분열 후 똑같은 2개의 세포(딸세포 : 분열 후 세포)로 나눠지게 된답니다.

어렵지만 보고 가요!
체세포분열 과정

체세포분열의 전체 과정은 염색체라고 하는 DNA(유전 정보)를 포함하는 구조물의 모양에 따라 시기를 나눈답니다. 각각의 시기에 따른 특징을 보면 아래와 같아요.

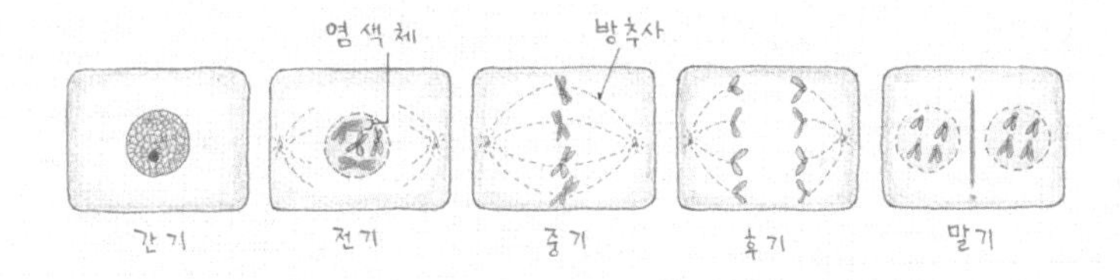

- 간기 : DNA의 복제가 일어나 유전정보를 2배로 만듭니다.
- 전기 : 세포의 핵 속에는 DNA를 포함한 염색사라는 실처럼 엉킨 물질이 있는데 이것이 염색체(2가닥짜리의 막대 모양의 구조물)로 보이는 시기입니다.
- 중기 : 이 염색체가 방추사라는 거미줄 같은 실에 의해 중앙에 배열합니다.
- 후기 : 이 염색체의 2가닥이 각각 양쪽으로 분리됩니다.
- 말기 : 2개의 딸핵이 형성되고 세포질이 분열되어서 2개의 딸세포가 만들어집니다. 중학교 3학년이 되면 우리는 이 과정도 자세하고 쉽게 공부하게 될꺼에요.

2. 아기가 만들어져요! 생식세포 분열과 임신

여러분은 지금 사춘기! 키가 자라 성장하면서 남자는 남자답게, 여자는 여자답게 2차 성징의 과정이 일어납니다. 남자와 여자의 성별이 다르다는 것은 태어날 때부터 생식기관이 다르다는 것입니다. 정소에서 분비하는 남성 호르몬에 의해서 수염이 나고, 목소리가 굵어지는 것이 남자의 2차 성징, 난소에서 분비하는 여성 호르몬에 의해서 가슴, 엉덩이가 커지고 월경이 일어나는 것이 여자의 2차 성징입니다.

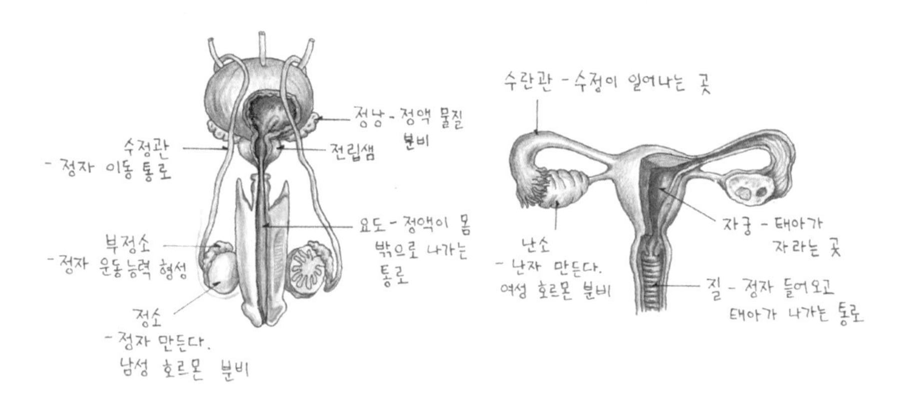

남자의 생식기관 　　　　　 여자의 생식기관

앞에서 배운 체세포분열이 온 몸에서 일어나는 분열이라면, 정소에서 정자를 만들고 난소에서 난자를 만드는 분열을 생식세포분열(감수분열)이라고 합니다.

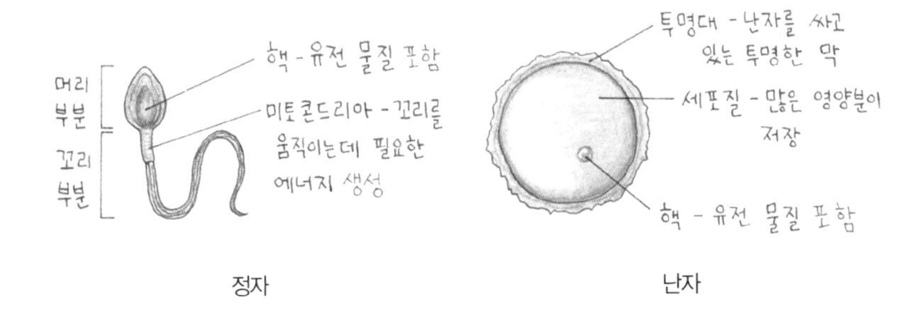

정자 난자

난소에서 만들어진 난자를 배출(배란)하게 되어 이 난자가 수란관에서 정자를 만나면 수정이 되고 이 수정란이 자궁에 자리 잡는 착상을 하면 이때부터 '임신했다'라고 말하고 우리 모두 축하하게 되지요. 그 후 태반을 만들게 되고 엄마의 몸속에서 잘 자란 후에 수정이 일어난 지 약 266일후에 출산을 하게 됩니다.

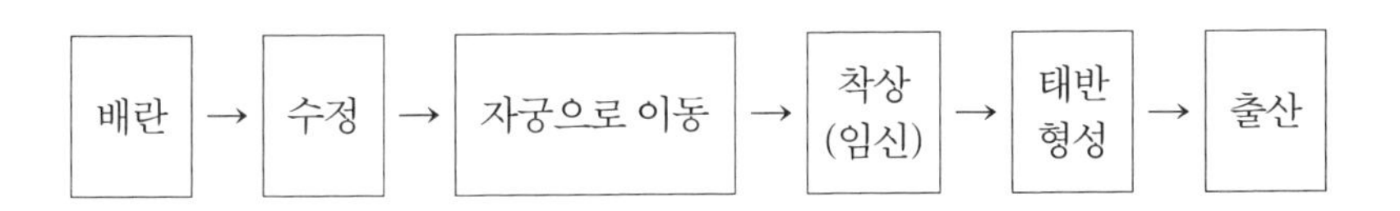

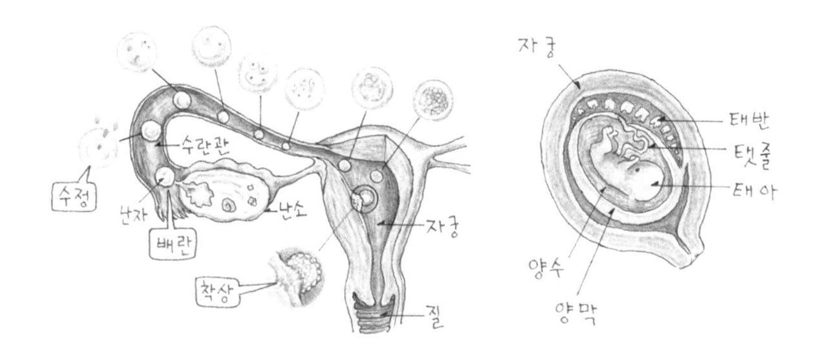

배란에서 임신까지 태반의 구조

3. 똑같은 애 낳아봐! 유전

여러분들 엄마랑 다투면 항상 이런 말씀하시지 않나요? 엘쌤이 여러분처럼 사춘기일 때 엄마 말씀 안들으면 '너랑 똑같은 애 낳아봐. 엄마 맘 알꺼야!'라는 말씀을 늘 하셨답니다. 속상한 엄마 마음을 똑같이 이해해줬으면 하는 마음이셨겠죠. 우리가 아이를 낳게 되면 그 아이는 유전학적으로 엄마와 아빠를 닮을 수밖에 없거든요.

부모를 닮는 아기

아빠가 만드는 정자 속에 아빠의 유전자가, 엄마가 만드는 난자 속에 엄마의 유전자가 들어있고 수정된 수정란에는 엄마와 아빠의 유전자가 적절히 잘 조합되어 있습니다. 그러니 우리는 아빠와 엄마의 유전자를 다 물려받아 아빠와 엄마를 닮는 것이지요.

이렇게 유전자가 유전될 때 혈액형이나 혀말기, 보조개, 주근깨, 색맹 유전자 등도 유전이 되기 때문에 자녀의 형질(모양이나 성질)은 부모의 형질과 무척 관련이 깊을 수밖에 없습니다. 다음의 여러 유전 형질은 중학교 3학년 과정에서 재밌게 공부할 겁니다.

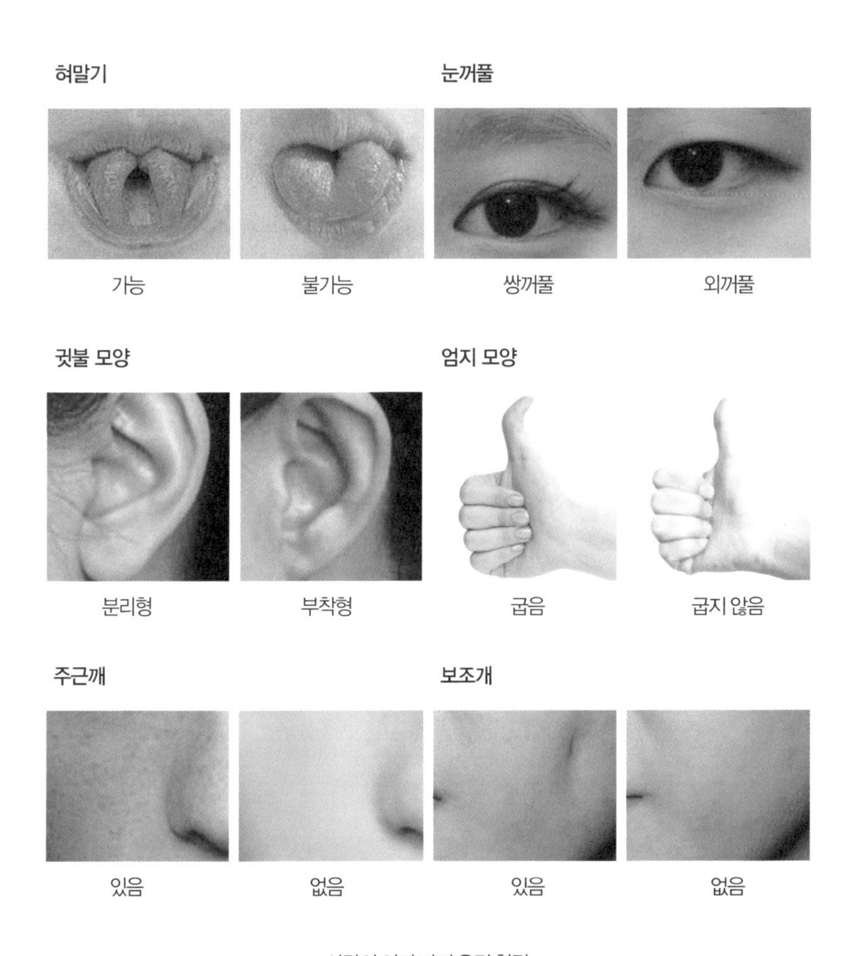

사람의 여러 가지 유전 형질

4. 너의 눈, 코, 입! 감각기관

갓 태어난 아기를 본 적 있나요? 엘쌤은 태어난 지 이틀 된 조카를 처음 봤었던 기억이 납니다. 팔뚝만한 크기의 아기였는데 놀랍게도 머리가 반절이었어요. 그랬던 아기가 하루가 다르게 자라면서 사람이 앞에서 웃으면 같이 웃고, '까꿍' 소리를 내면 반응을 하고, 눈을 깜빡깜빡하기도 하더군요. 이렇게 어떤 자극에 대해서 반응을 하는 것은 생명체가 가지고 있는 특성이기도 합니다. 우리 몸은 무선이 아니죠? 모두 신경이라는 세포조직으로 연결되어 있답니다.

자극 → 감각기관 → 감각신경 → 중추신경계(뇌, 척수) → 운동신경 → 운동기관 → 반응

자극의 전달 경로

'까꿍'하는 소리를 듣고 웃는다면, 소리라는 자극이 귀(감각기관)를 지나 청각신경(감각신경)을 지나 뇌로 전달되고, 뇌에서 소리를 감지하고 '웃자'하는 명령을 내리면 운동신경을 지나 입의 근육까지 전달돼 반응합니다. 여기서 감각기관은 눈, 코, 귀, 혀, 피부감각이 있습니다.

태양의 노래가 생각나죠? '너의 눈, 코, 입…….'

아기의 눈을 살며시 들여다보면 깜빡 깜빡일 때 마치 사진기와 같아 보이는걸 알게 될 겁니다. 눈과 사진기를 비교해보면 우리 눈의 수정체가 렌즈, 홍채가 조리개, 맥락막이 어둠상자, 망막이 필름(디지털센서)

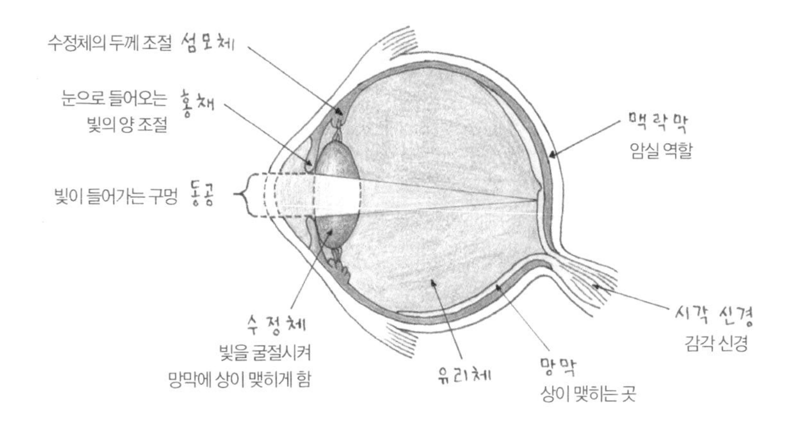

세포 호흡 과정

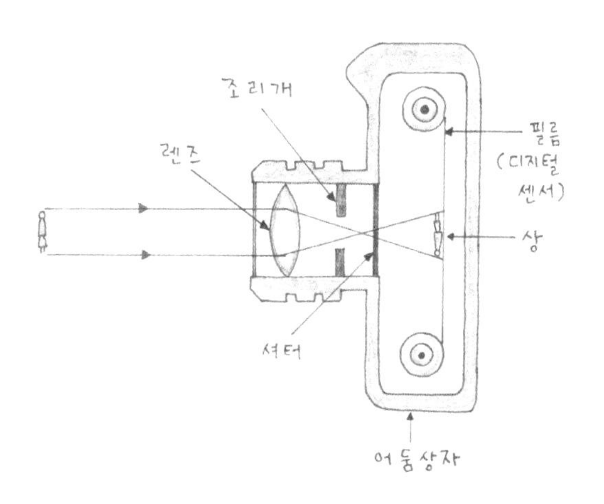

사진기

과 같은 역할을 합니다. 눈에서는 물체를 보는 것뿐 아니라 먼 곳을 볼 때와 가까운 곳을 볼 때 수정체의 두께를 조절하기도 하고, 밝고 어두운 곳에 따라 홍채에 의해서 동공의 크기가 변하기도 합니다.

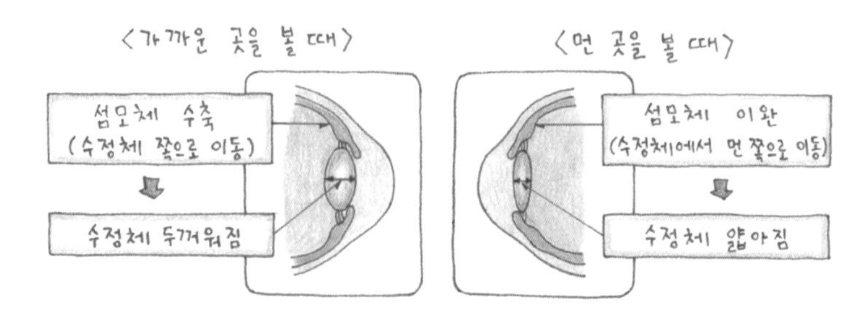

거리 조절

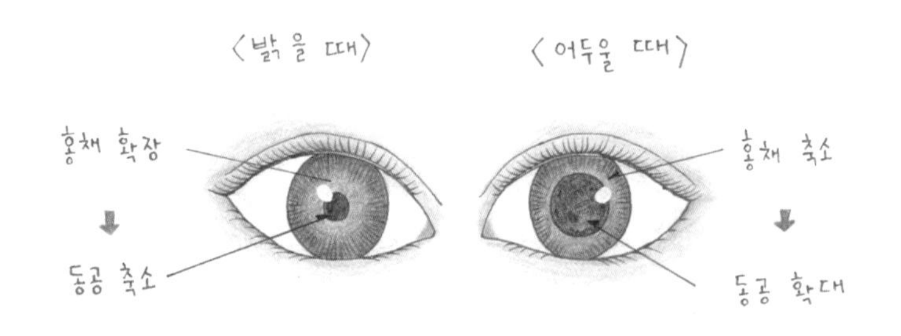

빛의 양 조절

아기가 '까꿍' 소리를 듣게 해주는 것은 귀입니다.

귀에서는 듣는 것(청각) 외에도 눈을 감고 있어도 회전을 감지하는 반고리관, 몸이 기울어짐을 감지하는 전정기관을 가지고 있어서 평형감각을 담당해요. 배를 타거나 하면 멀미할 때가 있는데, 멀미는 눈으로 느끼는 평형감각과 귀에서 느끼는 평형감각이 균형이 맞지 않을 때 어지럽고 메스꺼움이 일어나는 현상입니다.

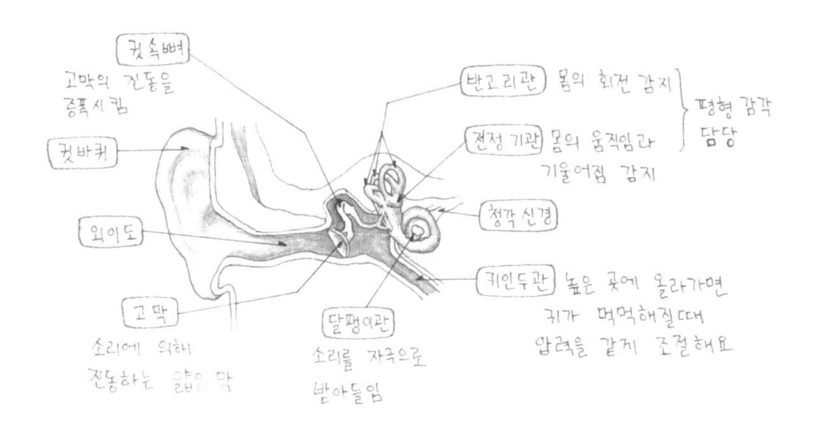

귀의 구조와 기능

이외에도 코에서 냄새를 느끼는 후각, 혀로 맛을 느끼는 미각, 피부를 통해 아픔이나 온도를 느끼는 피부감각 등이 있습니다.

오늘 하루 동안 우리 몸에서 에너지를 만드는 과정, 에너지를 만들어 자라는 생장, 아기가 만들어지기까지의 과정과 사람이 느끼는 자극과 반응까지의 내용을 쭉 공부해봤습니다. 우리 몸의 여러 가지 작용들이 완전히 다 연결되어 있다는 걸 알 수 있었죠? 내일은 또 어떤 내용을 같이 보게 될지 기대되네요. 내일 만나요!

핵심 정리

1. 세포 분열

- 체세포분열 : 세포 수를 늘려 생장이 일어납니다.
- 생식세포 분열 : 정소에서 정자를, 난소에서 난자를 만드는 분열입니다.

2. 임신과 출산

3. 감각기관의 구조와 기능

- 눈 : 망막(상이 맺힘), 홍채(빛의 양 조절), 섬모체(거리 조절)
- 귀 : 달팽이관(소리자극 받아들임), 반고리관(회전감각), 귀인두관(압력 조절)

개념 풀이

1. 에리는 초등학교를 졸업하면서 1년 사이에 키가 30cm나 자랐습니다. 에리의 온몸에서 이 세포분열이 일어났기 때문인데, 이 세포분열은 무엇일까요?

[답 : 생명과학 1–5]

개념 풀이

2. 다음 글의 빈 칸에 들어갈 알맞은 말은 무엇일까요?

[답 : 생명과학 1–6]

> 난소에서 난자를 만들어 수란관으로 배출하는 과정을 (　　)이라고 합니다. 수란관에서 이 난자가 정자를 만나 수정란이 되면 자궁벽에 (　　)하게 되는데, 이때부터 임신했다고 합니다.

3. 다음 눈의 구조에서 빈 칸의 이름을 써 보세요.

[답 : 생명과학 1–7]

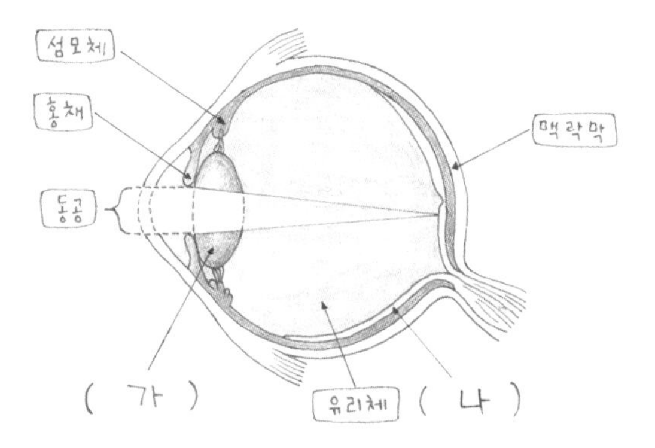

혼자서도 잘해요!
식물!

엘쌤의 한마디!

초등학교에서는 식물의 뿌리, 줄기, 잎의 대표적인
기능들을 공부했었죠. 이번엔 그에 덧붙여 뿌리에서
물을 흡수하는 원리, 줄기의 구조와 기능, 잎에서 일어나는
광합성과 호흡, 증산작용에 대한 개념을 알아보겠습니다.
식물이 혼자서도 척척 살아내는 방법을 지금부터 알아볼까요?

1 식물은 잎이 입이다! 광합성과 호흡, 증산작용

"식물의 잎이 바로 입이랍니다. 식물의 입에서는 어떤 일이 일어날까요?"

우리 친구들, '아낌없이 주는 나무'라는 동화 읽은 적 있지요? 그 동화에서 나무는 소년을 위해서 줄기와 열매를 다 내어주고, 게다가 소년과 대화도 나눕니다. 정말 아낌없이 주는 나무인데, 말할 수 있는 입이 있는 나무였더라면 더욱 더 좋았겠죠? 그러고 보니 나무는 입이 없어서 밥을 먹을 수가 없는데 어떻게 살아갈까요? 밥을 먹을 '입'은 없지만, 양분을 만드는 '잎'은 있기 때문이랍니다. 자, 식물의 '잎'에서 어떤 일들을 하는지 더 알아볼까요?

1. 스스로 음식을 만든다? 광합성

엘쌤은 고양이 두 마리와 살고 있는데, 그 중 둘째 고양이가 집에 화분만 있으면 잎을 다 떼어 물고 장난감처럼 가지고 놀아요. 그러다 보니 집에서 식물을 키우기란 어려운 일이 되었습니다. 한번은 엄청 튼실한 고무나무를 가져다뒀는데 이 고양이가 잎을 계속 깨물고 잎을 하나씩 하나씩 따서 물고 돌아다니더니 고무나무가 점차 허약해지면서 죽어버렸습니다. 식물의 잎에서는 스스로 양분을 만드는 중요한 일을 하는데 잎이 없으니 안타깝게도 죽어 버린거에요.

동물은 할 수 없는 일! 바로 광합성, 스스로 양분을 만드는 일입니다. 우리가 빵을 만들 때도 준비물이 필요했던 것처럼 광합성에도 준비물이 필요한데요, 광합성을 위해 필요한 준비물, 그 첫 번째는 식물의 잎

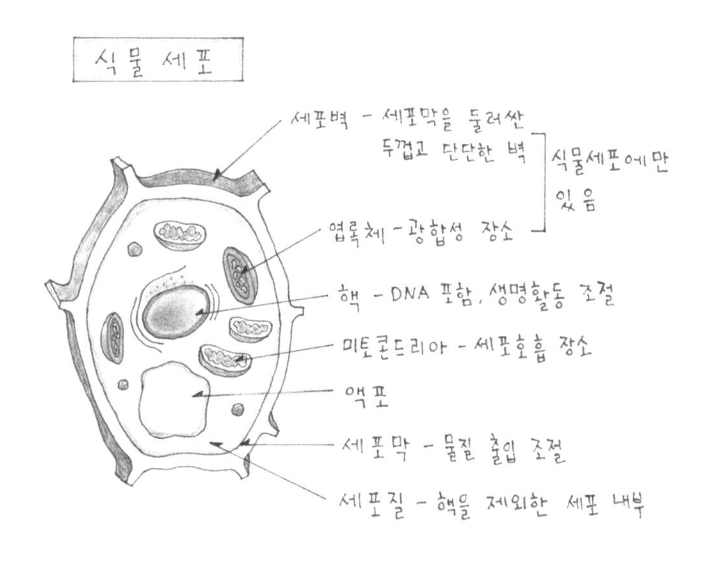

식물 세포 구조와 기능

에 있는 엽록체입니다. 엽록체는 식물 세포에만 있고, 여기엔 엽록소라는 색소가 있어서 빛에너지를 흡수할 수 있답니다.

두 번째 준비물, 이산화탄소는 잎의 뒷면에 있는 기공이라는 곳을 통해 들어옵니다. 기공은 마치 우리의 콧구멍처럼 기체가 드나드는 곳인데, 기공과 잎의 구조는 잠시 후에 더 설명해줄게요.

세 번째 준비물, 물은 식물의 뿌리에서 흡수하고 줄기를 통해 운반되어 잎으로 올라옵니다.

이렇게 해서 식물의 잎에 물과 이산화탄소가 준비되면 빛에너지를 받아서 포도당과 산소를 만드는 거에요.

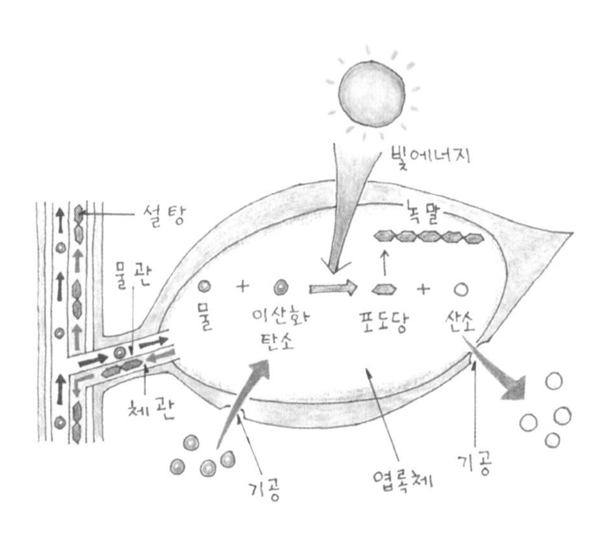

빛에너지

광합성 : 물 + 이산화탄소 ⋯⋯⋯⋯⋯► 포도당 + 산소

광합성으로 포도당이라는 양분을 만들면 이 양분을 바로바로 잎에 녹말로 저축을 합니다. 부모님을 도와 집안일을 돕고 용돈 받아본 적 있나요? 우리가 열심히 일을 도와 동전을 벌었다고 생각해 보세요. 동전이 많으면 모아두기가 좀 불편하잖아요? 그래서 이 동전을 버는 대로 바로바로 은행에 저축을 해뒀다가 이 돈을 써야 할 때 통장에서 돈을 꺼내 지폐로 바꿔서 쓰는 게 좋겠지요.

광합성을 통해 만든 포도당은 동전과 같다고 생각하면 된답니다. 이 동전을 잎에 있는 은행에 바로바로 저축(저장)하는 형태가 녹말이에요.(포도당 여러 개가 결합된 형태가 녹말입니다.) 그래서 빛이 있을 때는 열심히 포도당을 만들어서 녹말로 저장해두고 밤이 되면 이 저축했던 돈을 꺼내서 써야 할 곳으로 운반을 시키는 거예요. 다시 말해 밤에는 녹말을 설탕(포도당보다는 크고 녹말보다는 작은 형태인데요. 녹말이 10000원짜리 지폐라면 설탕은 1000원짜리 지폐라고 생각하면 됩니다.)으로 분해해서 양분이 필요한 곳곳으로 운반합니다. 마치 우리 몸에서 영양소를 온몸의 조직세포로 보내듯이 말입니다. 이렇게 광합성을 하게 되면 포도당과 산소가 만들어지는데, 이 포도당은 식물에게 음식이 되고, 또 이때 방출된 산소는 우리가 호흡하게 해줍니다.

어마무시하게 위대한 작업이에요. 그러니 식물에게 상을 줄 수 있다면 노벨과학상 정도는 줄 수 있지 않을까요? 시험에도 잘 나오는 광합성. 다시 한 번 정리해보겠습니다.

핵심 정리

1. **광합성** 물 + 이산화탄소 ──빛에너지──▶ 포도당 + 산소

2. **광합성과 물질**

광합성에 필요한 물질	광합성 결과 생성되는 물질
•물 : 뿌리로 흡수, 물관 통해 이동 •이산화탄소 : 기공 통해 흡수 •빛에너지 : 엽록체 속 엽록소에서 흡수	•포도당 : 최초 생성 양분 → 녹말로 바뀌어 일시적으로 잎에 저장 •산소 : 식물의 호흡으로 재사용, 나머지 기공 통해 방출

2. 식물도 숨을 쉰다? 호흡

식물이 숨을 쉰다구요? 사람처럼 폐가 있는 건 아니니까 정확히는 우리처럼 숨을 쉬는 의미는 아니에요. 우리가 어제 '세포호흡'의 의미를 공부했었죠? '우리 몸은 발전소'.

이 세포호흡이 일어나는 곳이 바로 세포 속의 미토콘드리아라는 곳입니다. 세포의 구조는 어제도 오늘도 공부했어요. 동물 세포 속에도 미토콘드리아가 있었는데, 식물의 살아있는 세포 속에도 미토콘드리아가 있어서 세포호흡이 일어난답니다. 식물의 세포도 발전소인거죠.

호흡 : 포도당 + 산소 → 물 + 이산화탄소 + 에너지

식물하면 우리는 광합성만 한다고 생각하니까 이산화탄소를 먹고 산소를 내보내는 일만 일어날 것 같지만, 식물도 우리처럼 산소를 먹고 이산화탄소를 내보내는 기체교환도 하는 거에요. 마치 우리가 숨쉬는 것처럼 말이지요.

그렇다면 식물의 호흡은 언제 일어날까요? 이번엔 여러분에게 질문해볼까요? 여러분은 언제 호흡하나요? 매일매일 순간순간 호흡하지요. 식물도 같아요. 식물의 호흡도 하루 종일 일어납니다. 단지, 낮에는 빛이 있으니 광합성이 호흡보다 더 많이 일어나고 밤에는 빛이 없으니 호흡만 합니다. 빛이 있을 때 열심히 돈을 벌어서 저축해둬야 하니까요.

광합성과 호흡의 비교

구 분	광합성	호 흡
반응 과정	물 + 이산화탄소 ⇄ 포도당 + 산소 (→ 광합성(빛에너지 흡수), ← 호흡(생활 에너지 발생))	
일어나는 장소	엽록체	살아 있는 모든 세포
일어나는 시간	낮(빛이 있을 때)	항상
기체의 출입	이산화탄소 흡수, 산소 방출	산소 흡수, 이산화탄소 방출

식물의 호흡에서도 필요한 준비물은 동물처럼 포도당과 산소입니다. 그 결과, 에너지를 만들면서 물과 이산화탄소가 생겨납니다. 그런데 잠깐! 이 과정을 찬찬히 보니까 광합성의 과정과 뭔가 같은 듯 다른 느낌이죠? 맞습니다. 광합성과 호흡은 서로 반대되는 과정입니다. 광합성과 호흡을 비교하는 내용은 시험에도 잘 출제되니 꼭! 기억해두세요.

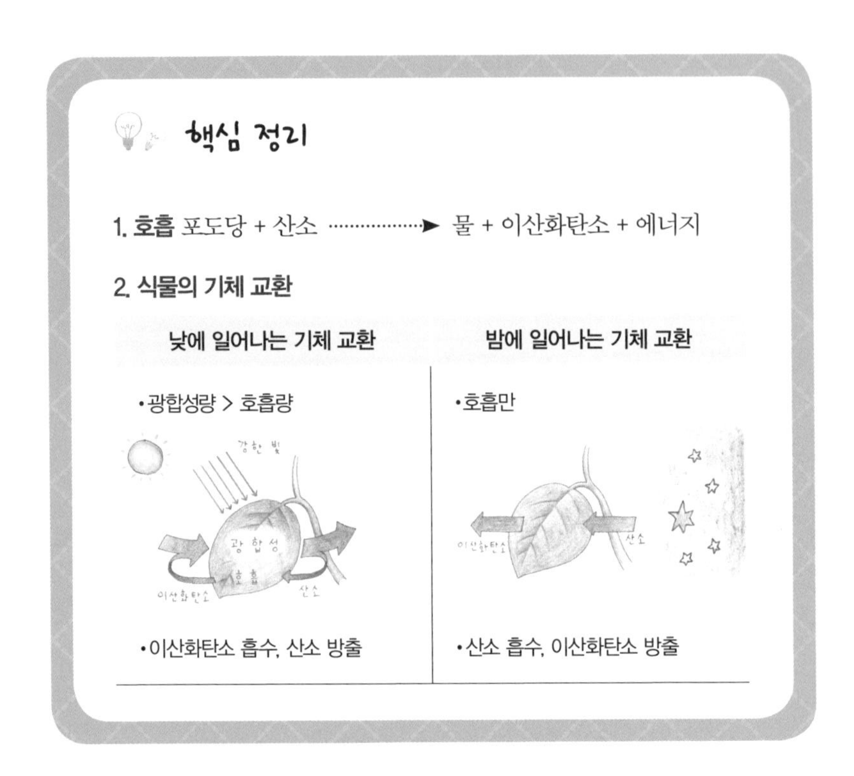

핵심 정리

1. **호흡** 포도당 + 산소 ··················▶ 물 + 이산화탄소 + 에너지

2. **식물의 기체 교환**

낮에 일어나는 기체 교환	밤에 일어나는 기체 교환
•광합성량 > 호흡량	•호흡만
•이산화탄소 흡수, 산소 방출	•산소 흡수, 이산화탄소 방출

3. 식물이 땀을 흘린다? 증산작용

양분도 스스로 만들어내고 동물처럼 호흡도 하는 식물은 더울 땐 어떻게 할까요? 식물의 몸에 물이 너무 많을 때는 우리처럼 뛰어서 화장실에 갈 수도 없는데 말이에요. 식물은 이럴때 땀을 흘립니다. 거짓말이라구요? 진짜에요! 아까 사람의 콧구멍과 같은 기공이라는 곳이 있다고 했어요. 그 기공이라는 곳은 식물 잎의 뒷면에 있고, 이곳을 통해서 물을 수증기로 내보내는 과정이 일어나는데 어려운 말로 증산작용이라고 합니다. 과학에서는 어려운 용어 쓰는 걸 좀 좋아한다고 말했었나요?

조금 어려운 용어가 나와도 힘들어하지 말고 잘 기억하면 나중에 더 똑똑해질 수 있을 거예요. 이 증산작용은 마치 빨래가 마르듯이 식물의 몸에 있는 물을 수증기로 말리는 거예요. 그러면 우리 몸의 땀이 마르듯이 더위를 식혀줄 수 있어요.

그렇다고 우리가 땀을 항상 흘리는 건 아니듯이 증산작용이 항상 일어나는 건 아닙니다.

빨래가 잘 마르는, 땀이 잘 마르는 때에 증산작용도 잘 일어납니다.

증산작용이 활발하게 일어나는 조건

햇빛	온도	바람	습도	식물체 내 수분량
강할 때	높을 때	잘 불 때	낮을 때	많을 때

기공은 잎의 뒷면에 공변세포라고 하는 특이한 모양의 세포 두 개가 만드는 구멍입니다.

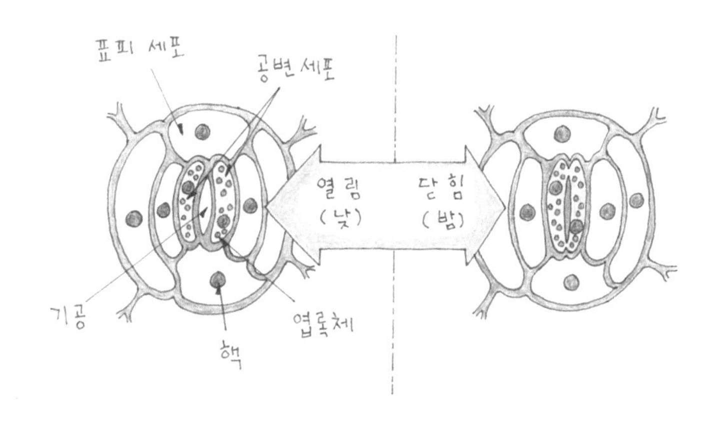

기공과 공변세포

낮에는 공변세포 안에 있는 엽록체에서 광합성을 하면서 공변세포가 휘어져서 기공이 열리고, 밤에는 기공이 닫히는 과정이 일어납니다. 이렇게 낮에 기공이 열리면 증산작용이 일어나 물이 수증기로 빠져나간답니다.

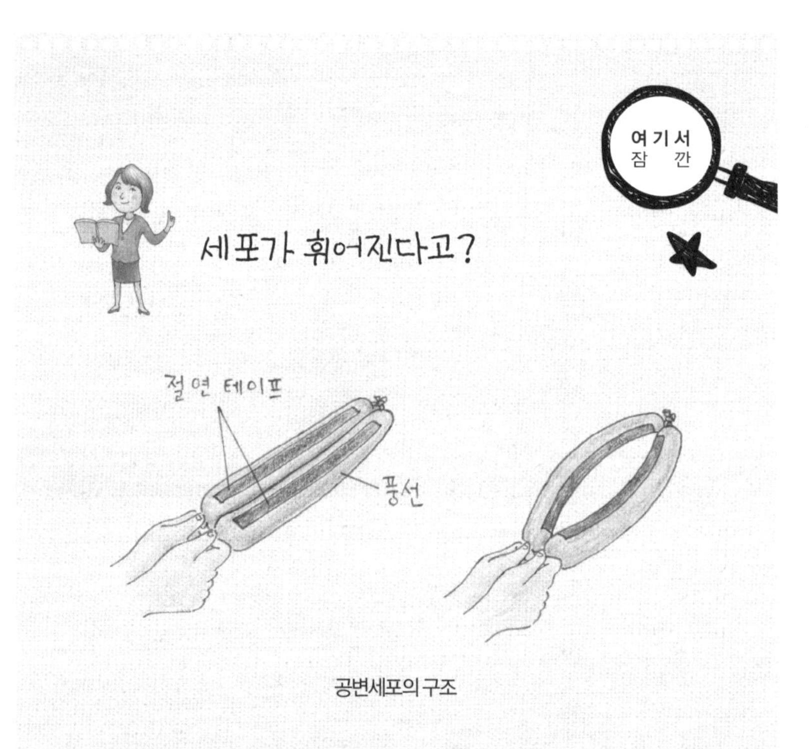

공변세포의 구조

공변세포는 안쪽의 세포벽이 더 두껍습니다. 그래서 이 공변세포 안으로 물이 들어오면 바깥쪽으로 많이 늘어나서 그림처럼 휘어지게 되고 기공이 열립니다.(마치 위 그림의 풍선처럼요.) 또 하나, 공변세포는 잎의 표피세포가 변해서 생깁니다. 다른 표피세포는 엽록체가 없는데 이 공변세포는 엽록체를 가지고 있어서 광합성을 할 수 있습니다.

지금 여러분은 학교 시험에 꼭 나오는 중요한 내용들만 공부하고 있습니다. 다시 한번 정리할테니 잊지 말고 기억해주세요.

핵심 정리

1. **증산작용** 기공을 통해 식물체 내의 물이 수증기 형태로 빠져 나가는 현상
2. **증산작용의 조절** 공변세포에 의해 기공이 열릴 때 증산작용이 활발합니다.
3. **증산작용이 활발하게 일어나는 조건** 햇빛이 강하고, 바람이 잘 불고, 습도가 낮을 때

이렇게 식물의 잎에서는 영양소를 스스로 만드는 광합성, 에너지를 만드는 호흡, 물을 수증기로 내보내는 증산작용이라는 중요한 기능들을 수행합니다. 정말 혼자서도 척척 잘 해내죠?

개념 풀이

1. 다음은 광합성의 과정입니다. (　　)의 빈칸을 채워 써 보세요.

[답 : 생명과학 2-1]

① (　　　) + 이산화탄소 ····② (　　　) 에너지····▶ ③ (　　　) + 산소

2. 다음은 광합성과 호흡을 비교한 표에요. (　　)에 해당하는 내용을 써 보세요.

[답 : 생명과학 2-2]

구 분	광합성	호 흡
장소	① (　　　)가 있는 세포	② (　　　) 세포
시간	③ (　　　)	④ (　　　)
기체 교환	산소 ⑤ (　　　), 이산화탄소 ⑥ (　　　)	산소 ⑦ (　　　), 이산화탄소 ⑧ (　　　)

3. 다음은 잎의 여러 작용에 대한 설명입니다. 옳은 것은 ○, 옳지 않은 것은 ×로 넣어보세요.

[답 : 생명과학 2-3]

① 식물은 광합성을 통해 녹말과 산소를 바로 만들어냅니다. (　　)

② 광합성은 낮에, 호흡은 밤에 일어납니다. (　　)

③ 증산작용은 공변세포에서 물이 수증기로 빠져나가는 현상을 말합니다. (　　)

2 속보이나요? 뿌리, 줄기, 잎

"식물의 몸을 우리의 몸처럼 생각해볼까요?"

숨도 쉬고 더울 때 땀까지 흘리다니, 식물은 우리와 비슷한 점이 많습니다. 여러분 어릴 적 유치원에서 나무 역할을 해본 적이 있나요? 항상 공주와 왕자 같은 주인공만 해봤다고요? 오늘은 나무가 주인공이니까 나무 역할을 해보기로 해요. 우리의 몸통은 나무의 줄기로 하면 되겠고, 나무의 뿌리는 우리 다리로 하면 되겠죠. 그러면 자연스럽게 우리의 양 팔과 손은 가지와 잎이 되고, 우리의 얼굴은 꽃이 되겠죠? 겉으로 보이는 모습은 여러분들이 잘 알고 있을 테니 이번엔 뿌리, 줄기, 잎의 속을 들여다보기로 해보겠습니다.

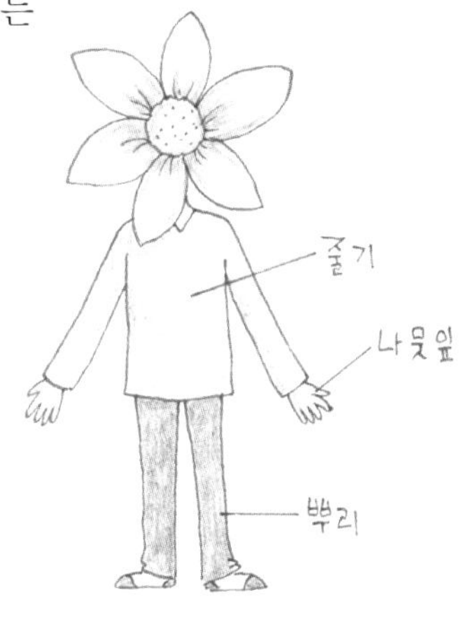

1. 다리에서 물을 마셔요! 뿌리

감자와 고구마 중에 뭐가 더 좋아요? 엘쌤은 고구마가 더 좋아요. 고구마가 바로 뿌리에 양분을 저장한 식물입니다. 참, 우리는 모두 다리에 뿌리를 가지고 있습니다.

'무!(무다리)', 무 역시 대표적인 뿌리거든요.

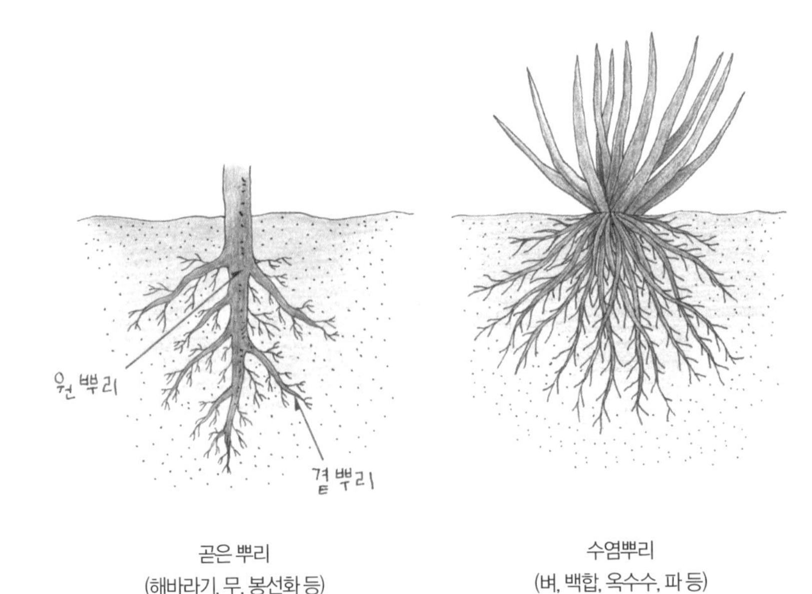

곧은 뿌리
(해바라기, 무, 봉선화 등)

수염뿌리
(벼, 백합, 옥수수, 파 등)

우리가 다리로 서 있을 수 있는 것처럼 식물에는 뿌리가 있어서 식물을 땅에 지탱해 줄 수 있습니다.(지지 작용). 또, 고구마나 무처럼 양분을 뿌리에 저장하는 경우도 있고(저장 작용), 이 뿌리의 세포 안에서 호흡이 일어나기도 합니다(호흡 작용). 또 하나, 식물은 이 뿌리에서 물을 마십니다. 흙속의 물을 흡수하는 흡수 작용이 바로 이 뿌리에서 일어납니다.

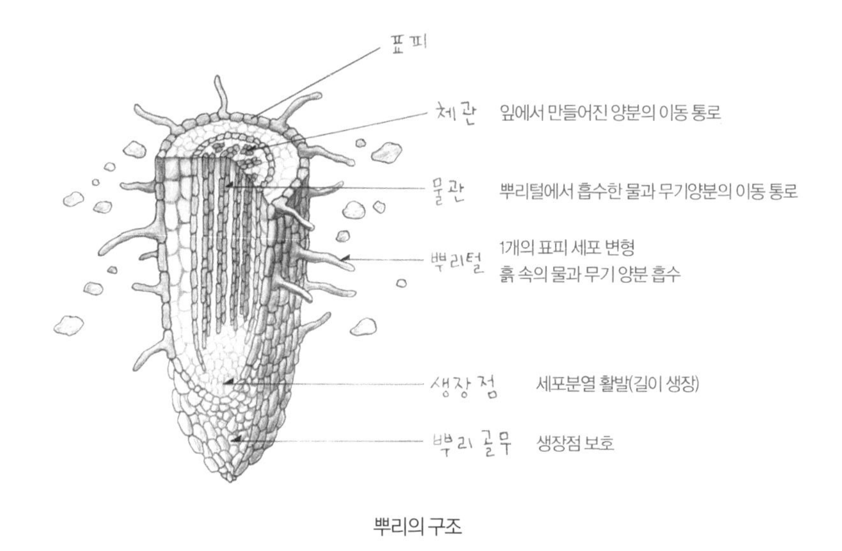

뿌리의 구조

식물의 뿌리 어디에서 물을 마실 수 있다는 걸까요? 식물의 뿌리에는 뿌리털이라는 구조가 있습니다. 이 뿌리털은 뿌리의 가장 바깥쪽에 있는 세포인 표피세포 1개가 길게 변한 겁니다. 다른 표피보다 좀 더 길죠? 이렇게 길게 모양이 변하면 흙에 닿는 부분이 넓어져서('표면적이 넓다'라고 표현합니다.) 흙속의 물을 더 잘 흡수할 수 있습니다. 사람으로 비유해서 말한다면 다리에서 물을 마시는 것보다는 다리털에서 마신다는 표현이 더 적합할 수도 있겠죠?

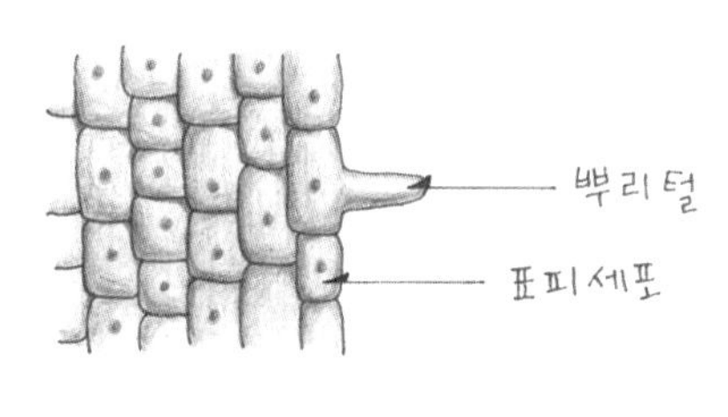

뿌리털 구조

뿌리에 빨대가 있는 것도 아니고, 뿌리에 입이 있는 것도 아닌데 저 세포에서 물을 어떻게 흡수한다는 걸까요? 식물이 뿌리에서 물을 흡수하는 원리가 바로 '삼투현상'입니다.

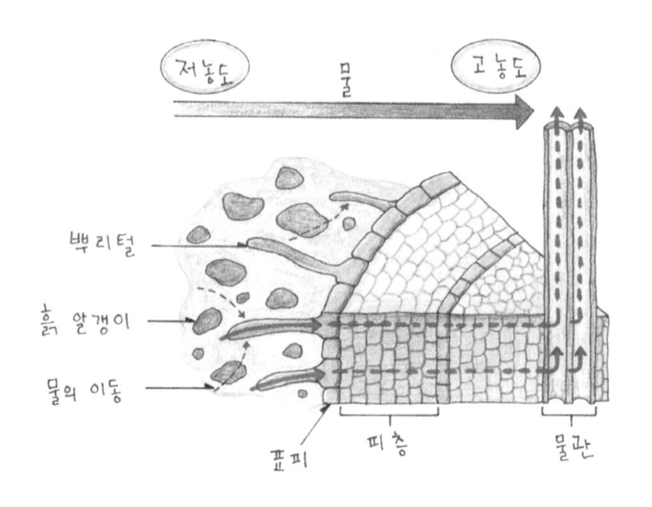

뿌리에서의 물 흡수와 이동

- 농도 : 흙속 < 뿌리털 < 뿌리의 물관
- 물의 이동 방향 : 흙속 → 뿌리털 → 뿌리의 물관

엄마가 배추김치 담그는 과정을 본적 있죠? 김치를 담글 때 제일 먼저 할 일은? 배추를 사서 씻는 거죠. 그러고 나서 바로 소금을 팍팍 뿌려서 배추에 숨을 죽이는데, 이 과정이 바로 삼투입니다. 소금을 배추에 뿌리면 배추 안쪽에서 배추 바깥쪽으로 물이 빠져나와서 배추가 흐들흐들해집니다. 삼투는 저농도의 물이 고농도로, 다시 말하면 농도 낮은 물 쪽에서 진한 소금물 쪽으로 물이 이동하는 과정입니다. 뿌리는 반대로 뿌리 안쪽이 농도가 높아서 흙 쪽의 물이 뿌리의 안쪽으로 이동하면서 물을 흡수하게 되는 거에요.

식물의 뿌리에 뿌리털만큼 중요한 구조가 하나 더 있는데 바로 생장점입니다. 우리가 어제 세포분열의 개념을 공부했었죠? 우리 동물은 온

몸에서 세포분열이 일어나는데 식물은 세포분열이 일어나는 곳이 정해져 있어요. 그 중 하나가 바로 생장점이고 이 생장점에서 세포가 많아지면 뿌리가 길게 자랍니다. 마치 우리 다리가 길어지듯이 길이 생장이 일어난답니다. 우리의 다리와 같은 뿌리의 속 구조에서는 뿌리털과 생장점이 가장 중요하다는 것을 기억해주세요.

사랑이 넘치면 식물이 죽어요.

식물을 너무 사랑하고 아끼는 마음으로 비료를 너무 많이 주면 식물이 말라 죽을 수 있답니다. 비료가 흙속에 너무 많으면 식물 뿌리 속 농도보다 흙속의 농도가 오히려 높아져서 삼투현상에 의해 뿌리 속의 물이 흙으로 빠져나가 버립니다. 이렇게 되면 식물에 물이 부족하게 되면서 말라 죽게 됩니다. 애정도 비료도 적당한 게 좋겠죠?

핵심 정리

1. 뿌리의 기능 흡수 작용, 지지 작용, 저장 작용, 호흡 작용

2. 뿌리털

1개의 표피세포가 변형된 것으로 흙 속의 물과 양분 흡수 → 흙과 닿는 표면적을 넓혀 물을 효율적으로 흡수하게 합니다.

3. 생장점 세포분열, 길이 생장

4. 뿌리에서 물 흡수 원리

삼투(저농도의 물이 고농도로 이동하는 현상)

5. 뿌리에서의 물 흡수와 이동

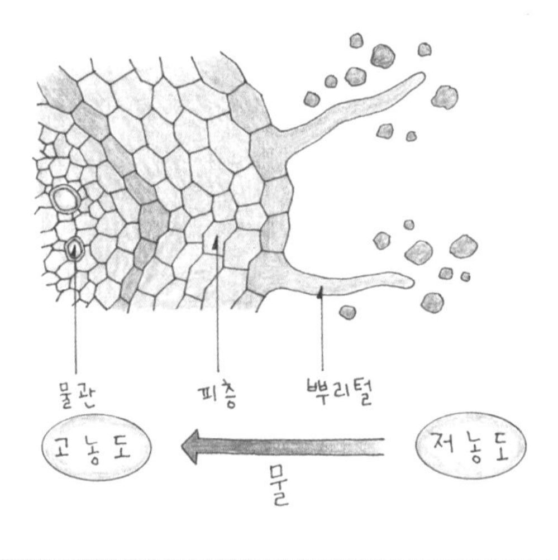

개념 풀이

1. 우리가 어제 배운 폐포와 오늘 배운 뿌리의 뿌리털은 주위와의 ( ) 을 넓혀 물질 교환 또는 흡수를 효율적으로 하게 합니다. ( )에 공통으로 들어갈 말은 무엇일까요?

[답 : 생명과학 2-4]

[2-3] 에리는 그림과 같이 당근 컵을 만들어서 컵 속에는 진한 설탕물을 담고 물이 담긴 비커에 넣어두었습니다. 하루가 지난 후 봤더니 당근 컵 속 진한 설탕물의 높이가 높아졌습니다.

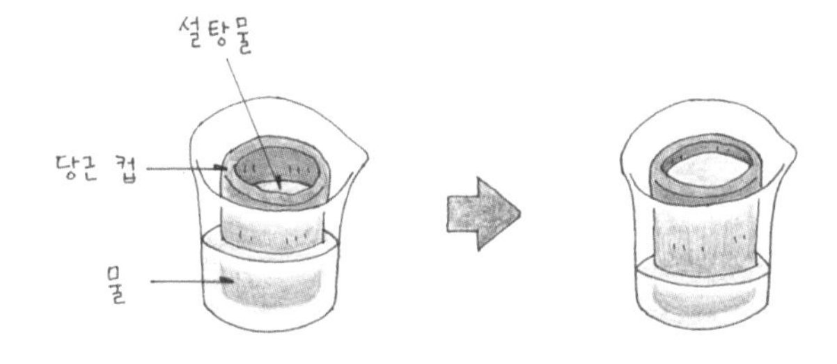

2. 이 실험에서 물은 어디에서 어디로 이동했을까요?

[답 : 생명과학 2-5]

3. 이 실험에서 알 수 있는 뿌리에서의 물 흡수 원리는 무엇일까요?

[답 : 생명과학 2-6]

2. 몸통 속에 주민등록증이! 줄기

우리의 몸통에 애교 넘치는 뱃살이 있는 것처럼 식물의 줄기에도 뱃살이 있습니다. 이상한 말이라구요? 나무줄기의 겉부분을 그림처럼 고리 모양으로 벗겨내고 6개월 이상 자라게 하면 껍질 벗겨진 윗부분이 부풀어 오릅니다. 이것은 체관이라는 길로 이동하던 양분이 길이 막혀서 이동하지 못하고 모여 있어서 일어나는 현상입니다.

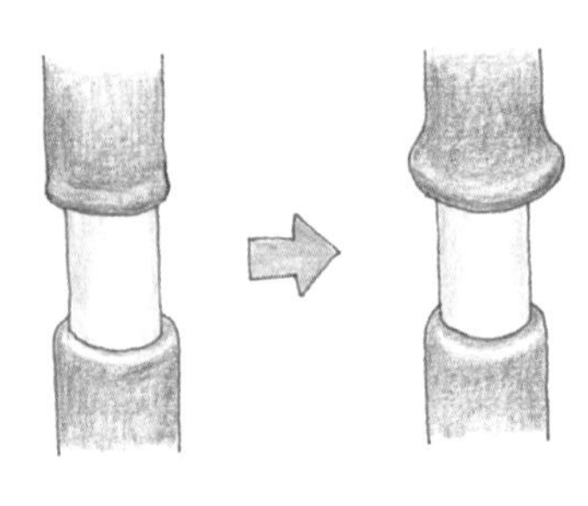

환상 박피

나무줄기의 바깥쪽을 벗겨내는 환상박피는 체관이 벗겨져 양분이 이동하지 못하기 때문에 윗부분이 부풀어 오르게 된답니다. 어때요? 진짜로 뱃살 나온 것 같죠?

식물의 줄기 안쪽을 보면 우리 몸의 혈관처럼 물관과 체관이 다발로 이뤄진 구조를 하고 있습니다. 우리 몸의 동맥혈관이나 정맥혈관을 따라 영양소나 기체가 이동할 수 있는 것처럼 식물에도 우리의 혈관과 같은 기능을 하는 것이 바로 물관과 체관이랍니다. 뿌리에서 흡수한 물이 이동하는 길이 물관, 잎에서 만든 양분(설탕)이 이동하는 길이 체관입니다. 위의 '환상 박피'는 바로 줄기의 바깥쪽에 있는 체관이 벗겨진 겁니다.

사람이나 식물이나 역시 뱃살이 없는 게 더 예쁘긴 하죠?

물관과 체관에서 볼 수 있듯이 줄기의 주된 작용은 물과 양분을 운반하는 운반작용이고, 그외에 식물체를 지탱하는 지지작용, 감자처럼 양분을 저장하는 저장작용 등을 담당합니다.

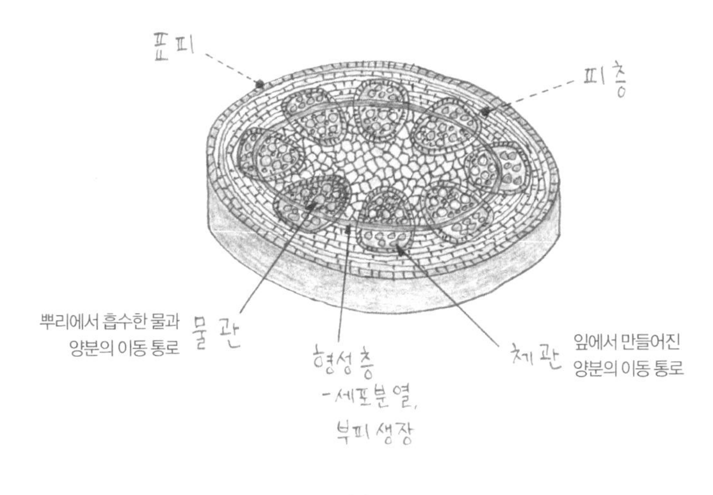

줄기의 구조

또, 식물 중에는 몸통 속에 주민등록증을 가진 식물이 있는데, 우리가 나이를 궁금해 할 때 주민등록증을 제시하잖아요. 이것처럼 식물의 줄기에는 나이테가 있답니다. 이 나이테는 형성층이라는 곳에서 세포분열을 하면서 생깁니다. 뿌리의 생장점처럼 이 형성층에서도 세포를 많이 만들게 되는데 이때는 옆으로 자라는 부피생장이 일어납니다. 그런데, 계절에 따라서 형성층에서 일어나는 세포분열 속도가 달라 둥근 모양의 띠가 생기는데, 이것이 나이테랍니다. 그러니 나이테는 형성층이 있는 쌍떡잎식물에만 있습니다. 바로 몸통 속에 주민등록증을 가진 식물은 쌍떡잎식물이랍니다.

쌍떡잎식물과 외떡잎식물의 차이점

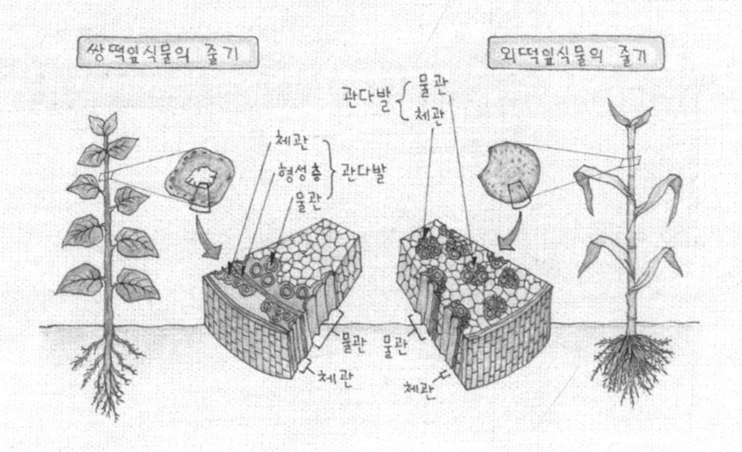

	쌍떡잎식물	외떡잎식물
관다발 배열	규칙적으로 배열됨	불규칙적으로 배열됨
형성층	있음 → 부피 생장이 일어남	없음 → 부피 생장이 일어나지 않음
떡잎 수	2개	1개
뿌리	곧은뿌리	수염뿌리
잎맥	그물맥	나란히맥
식물 예	무, 배추, 호박, 셀러리, 봉선화, 양아욱, 해바라기	벼, 보리, 백합, 마늘, 파, 옥수수, 강아지풀

핵심 정리

1. 줄기의 기능 운반 작용, 지지 작용, 저장 작용 등

2. 물관 뿌리에서 흡수한 물과 양분의 이동 통로

3. 체관 잎에서 만들어진 양분의 이동 통로

4. 형성층

세포분열, 부피 생장(줄기가 굵어지게 함),

외떡잎식물에는 없고, 쌍떡잎식물에는 있음

5. 쌍떡잎식물과 외떡잎식물의 줄기 비교

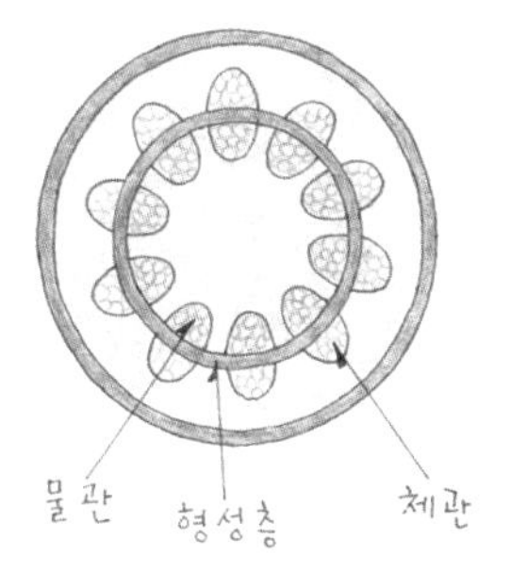

쌍떡잎식물

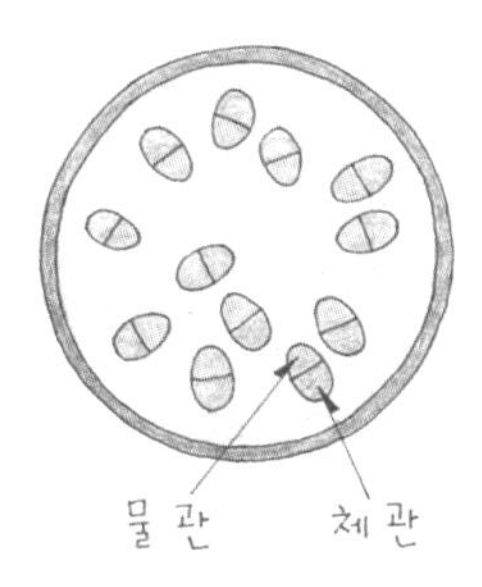

외떡잎식물

개념 풀이

1. 앞에서 배운 뿌리의 생장점과 줄기의 형성층의 공통점과 차이점을 말해 보세요.

[답 : 생명과학 2-7]

	생장점	형성층
공통점		
차이점		

2. 다음은 물관과 체관을 비교한 표입니다. 빈 칸을 채워 보세요.

[답 : 생명과학 2-8]

	물관	체관
위치	①	②
이동 물질	③	④

3. 다음 그림은 쌍떡잎식물과 외떡잎식물의 줄기 단면을 나타낸 것입니다. 각각 어떤 식물의 줄기인지 써 보세요.

[답 : 생명과학 2-9]

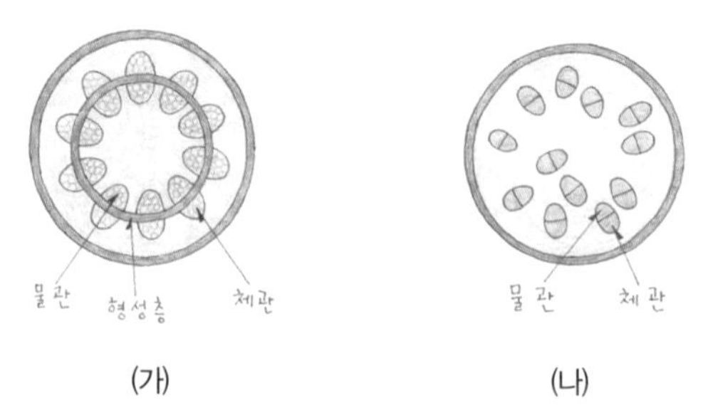

(가) (나)

3. 쥐를 살리는, 잎

프리스틀리라는 과학자 할아버지는 광합성을 하는 식물 덕분에 쥐가 살 수 있다는 것을 실험으로 밝혀냈습니다. 그림과 같은 완전히 막힌 유리종에 쥐만 넣으면 얼마 후 쥐가 하늘 나라로 갑니다. 그런데 이 쥐를 식물과 함께 유리종에 넣으면 쥐가 더 오래 살 수 있다는 결과를 보여준 실험을 한거에요. 식물의 잎에서는 광합성을 하고, 광합성 결과 산소가 생기니까 이 산소를 이용해서 쥐가 호흡해서 살 수 있습니다.

이렇게 쥐를 살릴 수 있는 잎의 속은 어떤 모습일까요?

잎을 이루고 있는 세포라고 해서 모두 엽록체를 가지고 있는 것은 아닙니다. 엽록체를 가지고 있으며 초록색을 띠는데 표피세포는 엽록체가 없어 투명하게 보여요. 표피세포가 변형된 공변세포는 특이하게 엽록체를 가지고 있어서 광합성을 할 수 있습니다. 울타리 조직은 엽록체를 가진 세포가 매우 빽빽하게 배열되어 있어서 광합성도 엄청 잘 일어납니다. 그래서 잎 앞면의 초록색이 뒷면보다 더 진하게 보이기도 한답니다.

해면 조직은 울타리 조직에 비해 세포가 좀 허술하게 배열되어 있어서 공간이 생깁니다. 그래서 기체가 쉽게 이동할 수 있다는 장점이 있답

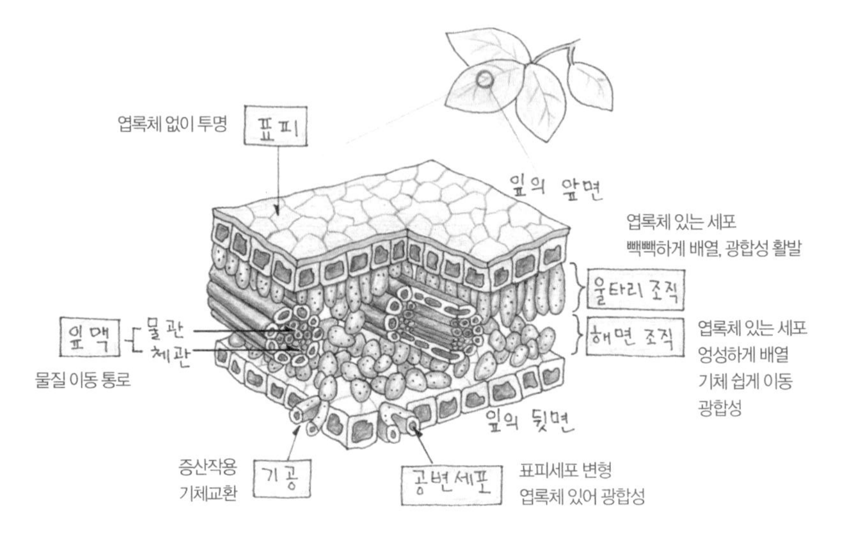

잎의 구조와 기능

니다. 엽록체를 가지고 있는 잎의 내부 구조는 울타리 조직, 해면조직, 공변세포뿐이니 정확히 말하면 이 구조 덕분에 쥐가 살 수 있었던거죠. 그러니 울(울타리조직) 쥐는 열심히 이 구조를 공(공변세포)부해(해면조직)야겠죠? 울공해! 기억하세요.

이제 잎의 속 구조를 정리해보겠습니다.

핵심 정리

1. **잎의 기능** 광합성, 호흡, 증산작용
2. **엽록체 있는 구조(광합성 일어남)** 울타리 조직, 해면 조직, 공변세포
3. **울타리 조직** 엽록체를 가진 세포가 빽빽하게 배열
4. **해면 조직** 엽록체를 가진 세포가 엉성하게 배열, 기체가 쉽게 이동

개념 풀이

다음은 잎의 단면 구조를 나타낸 것입니다.

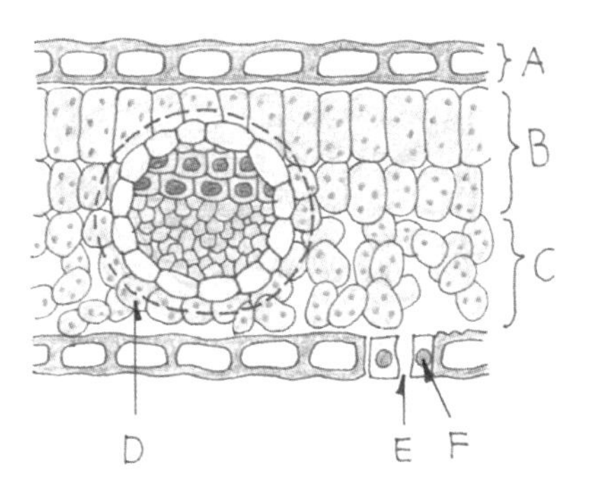

1. A~F의 이름을 써 보세요.

[답 : 생명과학 2-10]

2. 엽록체를 가지고 있어 초록색을 띠는 구조의 기호를 모두 쓰세요.

[답 : 생명과학 2-11]

식물의 뿌리, 줄기, 잎의 속 구조와 각각의 여러 작용들을 공부해봤습니다. 식물은 동물처럼 움직이거나 생각할 수는 없지만 스스로 양분을 만들고 스스로 척척 잘 살아가지요? 우리도 오늘은 스스로 척척 잘 해낼 수 있는 일 하나씩 해보도록 해요!

신비로운 화학 여행

혜식쌤의 한마디!

여러분이 초등학생 때 공부했던 물질의 세 가지 상태나
용액, 혼합물을 분리하는 방법 등을 우리는 '화학'이라고 해요.
중학교에서는 초등학교 때 배웠던 화학을 좀 더 자세히 공부하게
될 뿐만 아니라 원자, 분자가 무엇인지에서부터 여러 가지
화학 반응과 화학 반응에 관련된 법칙들을 배우게 된답니다.
자! 이제 준비됐으면 신비로운 화학으로의 여행을 시작해 볼까요?

S c i e n c e

1 모든 것을 얼려 버리는 엘사의 신비한 능력! 근데 얼음은 왜 얼고 녹는 거지?

"얼음을 얼리고 녹이는 원리를 우리 배워볼까요?"

모든 것을 얼려버리는 엘사의 신비로운 힘이 왕국을 꽁꽁 얼어붙게 만들었습니다. 얼어버린 왕국의 저주를 풀기 위해 안나는 언니를 찾아 나서는데…. 재미있는 겨울 왕국 이야기. 우리 친구들은 얼음은 어떻게 얼고 또 어떻게 녹는지 알고 있나요? 우리 얼음을 얼어붙게 하는 엘사의 능력과 얼음을 녹이려는 안나의 신나는 모험 속에서 재밌는 과학 이야기를 찾아보겠습니다.

1. 물질을 구성하는 입자 : 원자와 분자

물이 얼어 얼음이 된다는 것은 물 분자들이 옹기종기 모이는 현상입니다. 얼음이 녹아 물이 된다는 것은 분자들이 자유롭게 움직일 수 있게 되는 현상입니다. 아직은 잘 모르겠나요? 괜찮습니다. 오늘이 지나고 나면 여러분은 과학 왕국의 과학 왕이 될 거에요. 그러기 위해 먼저 분자라는 녀석이 무엇인지 알아보겠습니다.

(1) 원자와 원소

모든 물질은 계속 쪼개다 보면 물질을 이루는 가장 작은 알갱이가 되는데 이 알갱이를 원자라고 합니다. 예를 들어 레고 블록으로 겨울 왕국을 지었다고 생각해 보세요. 아쉽지만 왕국을 쪼개볼 거예요. 계속 쪼개다 보면 블록이 한 개씩으로 나눠지겠죠? 이때 왕국을 물질이라고 한다면 블록 한 개를 원자라고 생각하면 됩니다.

그런데 블록에도 종류가 많죠? 빨간 블록, 파란 블록, 노란 블록. 이것처럼 가장 작은 원자, 조금 더 큰 원자 등 원자도 종류가 아주 많습니다. 그래서 원자에도 이름을 붙여줬는데, 그 이름을 원소라고 합니다. 그러니까 알갱이는 원자. 알갱이의 이름, 즉 알갱이의 종류를 원소라고 합니다.

알갱이(입자)	●	●	●	원자
이름(종류)	수소	질소	산소	원소

(2) 원자와 분자

그럼 물은 원자일까요? 분자일까요? 원자? 분자? 물은 분자입니다. 수소 원자 2개와 산소 원자 1개가 결합해서 만들어진 분자입니다.

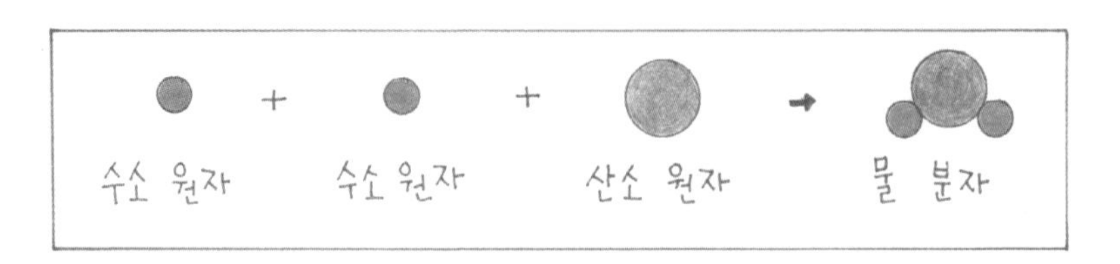

분자는 여러 가지 물질의 성질을 갖는 입자입니다. 예를 들어 물 분자는 흐르는 성질이 있고, 우리가 마실 수 있고, 가열하면 끓기도 합니다. 하지만 물 분자를 수소 원자와 산소 원자로 나누어도 이런 성질이 그대로 있을까요? 분자가 원자로 나뉘면 분자는 갖고 있던 성질을 모두 잃게 됩니다. 물 분자를 이루고 있는 산소 원자나 수소 원자를 마시고 '아 시원하다.' 이럴 수는 없답니다. 그래서 분자는 물질의 성질을 갖는 가장 작은 입자라고 합니다. 과학을 공부하는 가장 기본 개념이니까 꼭 기억해 둡시다.

 핵심 정리

- **원자** 물질을 이루는 기본 입자(성질이 없음)
- **분자** 물질의 성질을 갖는 가장 작은 입자
- **원소** 원자의 종류

꼭 기억해야 하는 주기율표 20

지금까지 밝혀진 원소의 종류는 100여 가지가 넘습니다. 이 원소들을 정리해 놓은 표를 주기율표라고 합니다. 주기율표는 원소의 종류를 보기 쉽게 기호로 나타냅니다. 예를 들어 수소는 H, 산소는 O로 표시합니다. 가장 중요한 원소 딱 20가지 원소 기호만 우선 기억해 볼까요? 주기율표의 세로줄을 족, 가로줄을 주기라고 부릅니다. 원소들에게는 번호를 붙여줬습니다. 예를 들어 H는 1번, He은 2번 이렇게요. Ca 20번까지 순서대로 기억하면 좋겠죠? 20번까지 원소 이름 앞 글자를 학교종이 땡! 땡! 땡!에 맞춰 외우면 재밌게 기억할 수 있답니다.

	1족	2족	13족	14족	15족	16족	17족	18족
1주기	H 수소							He 헬륨
2주기	Li 리튬	Be 베릴륨	B 붕소	C 탄소	N 질소	O 산소	F 플루오린	Ne 네온
3주기	Na 나트륨	Mg 마그네슘	Al 알루미늄	Si 규소	P 인	S 황	Cl 염소	Ar 아르곤
4주기	K 칼륨	Ca 칼슘						

수헤리베 붕탄질산 플레나마 알~
규인 황염 아르곤 칼륨 칼슘 원소 ♫♪

개념 풀이

1. 이산화탄소(CO_2)는 원자인지 분자인지 답하고 그 이유가 무엇인지도 함께 써볼까요?

[답 : 화학 1-1]

2. 그럼 암모니아(NH_3)도 분자겠죠? 암모니아 분자는 몇 종류의 원소와 몇 개의 원자로 이루어져 있을까요?

[답 : 화학 1-2]

2. 물질의 세 가지 상태 : 고체, 액체, 기체

엘사는 실수로 사랑하는 동생 안나의 심장에 얼음을 박아 버립니다. 정말 슬프죠? 근데 상상해 보세요. 만약 엘사가 안나의 심장에 얼음 대신 물을 확 쏘았어도 물이 심장에 박혔을까요? 당연히 아니겠죠? 왜냐면 물은 말랑 말랑 흐르는 성질이 있잖아요. 하지만 얼음은 단단하니깐 심장에 박힐 수 있었던 겁니다. 물처럼 말랑 말랑 흐르는 성질이 있는 물질을 액체라고 하고 얼음처럼 단단한 물질은 고체라고 합니다.

'얼음이 박혀 숨을 쉴 수가 없어. 산소가 필요해. 산소?' 우리 눈에 보이지는 않지만 우리는 숨을 쉴 때 산소를 들이 마십니다. 이런 산소와 같은 물질을 기체라고 합니다. 자연에 존재하는 모든 물질은 이렇게 고체, 액체, 기체, 세 가지 상태로 존재합니다.

(1) 딱딱한 고체

주변을 둘러봐요. 겉이 딱딱하고 일정한 모양을 가진 물건들이 있나요? 예를 들어 책상, 볼펜, 얼음, 양초 등과 같은 물건입니다. 이런 물건을 고체라고 합니다. 그런데 고체는 왜 단단하고 모양이 쉽게 변하지 않을까요? 그건 고체 분자들이 옹기종기 모여 있기 때문입니다.

이번에 책상을 꾸욱 눌러 보세요. 책상이 찌그러지고 크기가 작아지나요? 만약 그렇다면 '너는 슈퍼맨!' 하지만 절대 모양도 크기도 변하지 않죠? 여러분은 다행히 평범한 인간이군요. 하하. 고체는 분자들이 매우 가깝게 다닥다닥 붙어 있어서 힘을 가해도 모양이나 부피가 변하지 않습니다.

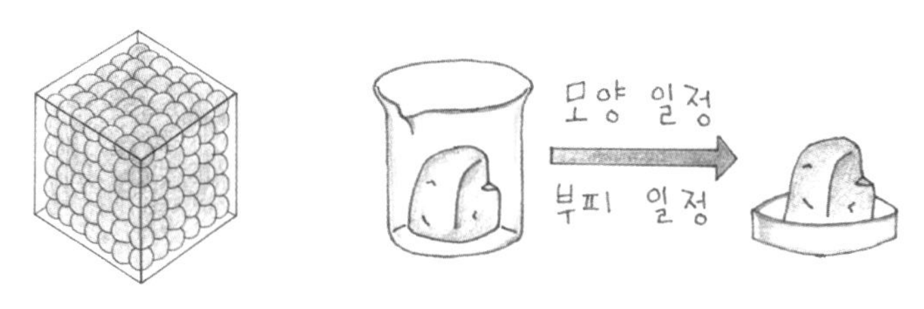

분자 모형:
분자들이 옹기종기~ 다닥다닥~

모양과 부피 변화:
모양과 부피가 변하지 않아요.

(2) 말랑 말랑 액체

'아, 목말라 시원한 물 한잔 마실까요?' 물, 우유, 주스 등과 같이 주르룩 흐르는 성질이 있는 물질을 액체라고 합니다. 네모난 컵에 주스를 담으면 네모난 모양 주스, 둥근 컵에 담으면 둥근 모양 주스가 됩니다. 그러니까 액체는 담는 그릇에 따라 모양이 달라집니다.

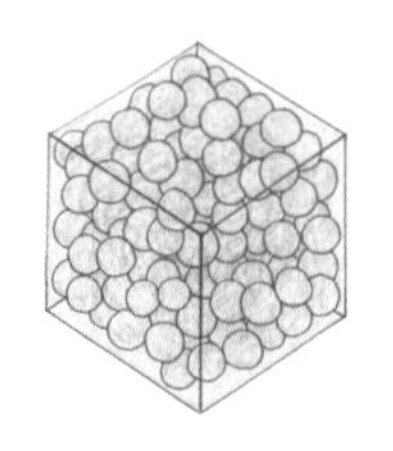

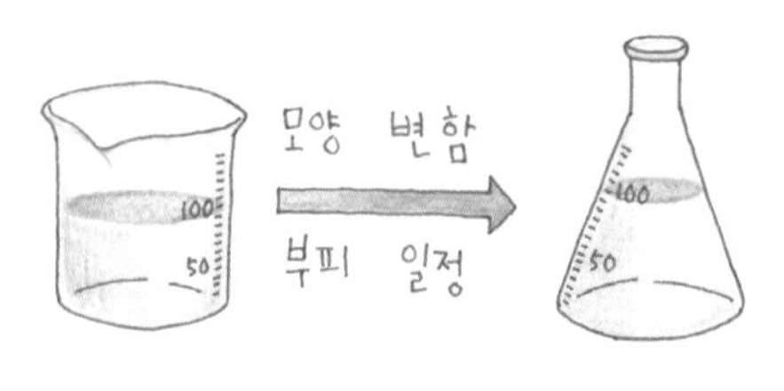

분자 모형:
분자들이 비교적 자유롭게 운동해요

모양과 부피 변화 : 모양은 담는 그릇에 따라 변해요.
부피는 거의 변하지 않아요.

(3) 보이지 않는 기체

예쁜 풍선 아트를 아나요? 기다란 풍선에 훅훅 공기를 불어넣고, 뚝딱! 뚝딱하면 예쁜 기린, 토끼, 하트가 만들어져요.

눈에 보이지는 않지만 풍선 속에 공기가 있다는 것을 우리는 알죠? 이런 공기를 기체라고 합니다. 공기뿐만 아니라 산소, 질소, 수증기 등 많은 기체가 있습니다. 대부분의 기체는 눈에 보이지 않고, 풍선 아트처럼 모양이 잘 변합니다.

시원한 바람은 공기가 움직이면서 나타나는 현상입니다. 그러니까 공기와 같은 기체는 흐르는 성질이 있습니다. 주사기에 공기를 넣고 꾸욱 눌러봅시다. 주사기가 눌리죠? 이것은 공기의 부피가 줄어들기 때문입니다. 공기와 같은 기체는 모양도 부피도 잘 변합니다.

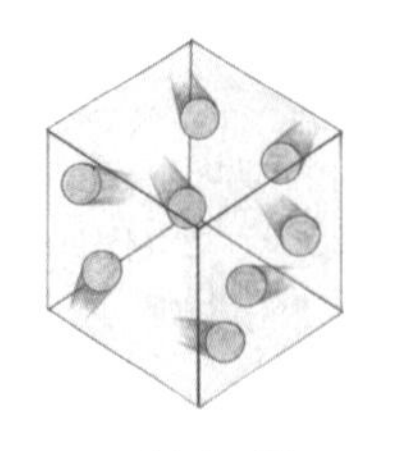

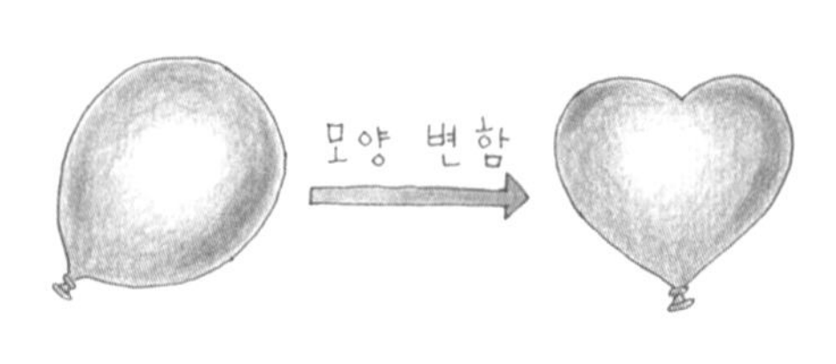

분자 모형:
분자들이 매우 자유롭게 움직여요.

모양과 부피 변화:
모양과 부피가 모두 잘 변해요.

(4) 기체의 특별한 성질

특히 기체는 온도나 압력이 변하면 부피가 매우 잘 변합니다. 꼬마가 놀이동산에 가서 큰 풍선을 삽니다. 그런데 가끔 꼬마가 그 풍선을 놓치죠. 그런데 그런 생각해봤나요? 그 풍선은 대체 어디로 갈까?

하늘 높이 올라가면 공기의 압력이 줄어들어 풍선(기체)의 부피가 점점 커져서 결국 빵 터집니다. 기체는 압력이 감소하면 부피가 커지고, 압력이 증가하면 부피가 감소합니다. 영국의 과학자인 보일이 이러한 사실을 처음 알아냈기 때문에 이 이론을 '보일의 법칙'이라고 합니다.

- 보일의 법칙 : 온도가 일정할 때, 압력이 커지면 기체의 부피는 줄어들고, 압력이 작아지면 부피는 증가 → 기체의 부피는 압력에 반비례한다.

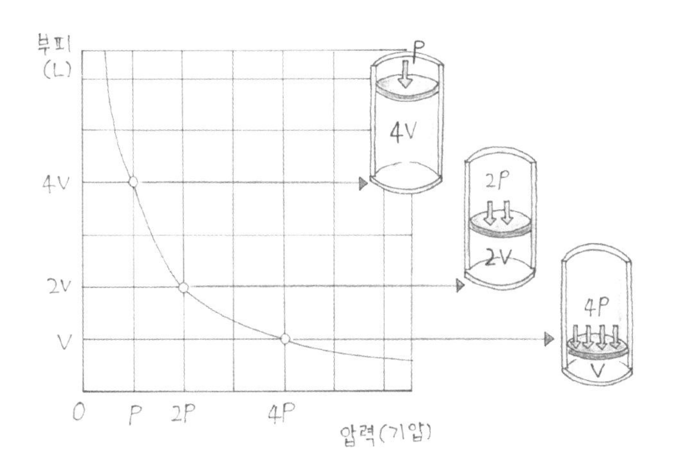

압력이 2배 → 부피는 $\frac{1}{2}$, 압력이 4배 → 부피는 $\frac{1}{4}$

손이 시려운 겨울날 난롯가를 상상해 보세요. 이번엔 꼬마가 난로 옆에 풍선을 놓았습니다. 난로 옆 풍선은 어떻게 될까요? 풍선이 점점 커지다가 '빵!' 터져요. 역시 풍선의 운명은 터지기 위해 태어난 것일까요? 대체 왜 풍선이 터지는 걸까요? 그건 난로 옆은 따뜻하니까 풍선 속의 기체는 온도가 높아지면 부피가 점점 커져서 결국에는 터지게 되는 겁니다. 기체의 부피는 온도가 높아지면 증가하고, 온도가 낮아지면 감소합니다. 이런 사실을 프랑스의 과학자인 샤를이 알아냈기 때문에 '샤를의 법칙'이라고 합니다.

• 샤를의 법칙 : 압력이 일정할 때, 모든 기체는 온도가 높아질수록 부피가 증가

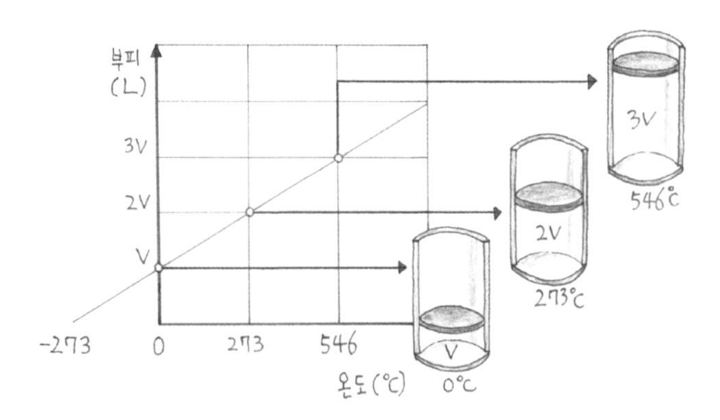

온도가 높아지면 → 부피 증가 , 온도가 낮아지면 → 부피 감소

핵심 정리

- **고체** 분자들이 규칙적으로 배열, 모양과 부피가 일정
- **액체** 분자들이 비교적 자유롭게 운동. 부피 일정. 모양 쉽게 변화
- **기체** 분자들이 매우 자유롭게 운동. 온도와 압력에 따라 부피 변화. 모양 쉽게 변화
- **보일의 법칙** 기체의 부피는 압력에 반비례(온도가 일정할 때)
- **샤를의 법칙** 기체의 부피는 온도에 비례(압력이 일정할 때)

개념 풀이

1. 고체와 액체, 기체의 특징을 분자 배열, 모양, 부피 변화로 설명해 보세요.

[답 : 화학 1-3]

	고체	액체	기체
분자 배열			
모양과 부피			

2. 0℃, 1기압에서 부피가 100ml인 암모니아 기체가 있습니다. 이 기체를 온도는 같게 유지하면서 압력을 4기압으로 높이면 부피는 몇 ml가 될까요?

[답 : 화학 1-4]

3. 물질의 상태 변화 : 응고와 융해, 액화와 기화, 승화

꽁꽁 언 얼음이 스르르 녹아서 물이 됩니다. 물을 끓이면 수증기가 되죠? 고체 상태인 얼음이 액체 상태인 물로, 액체 상태인 물이 기체 상태인 수증기로 변합니다. 이런 변화를 물질의 상태 변화라고 합니다. 지금부터 상태 변화에 대해 자세히 알아보겠습니다.

(1) 응고와 융해

응고가 뭘까요? 응고는 물이 얼듯이 액체 상태의 물질이 고체 상태의 물질로 변하는 현상을 말합니다. 반대로 융해는 얼음이 녹아 물이 되듯이 고체 상태의 물질이 액체 상태의 물질로 변하는 현상을 말합니다. 그러면 아이스크림이 녹는 현상은 뭘까요? 융해입니다. 양초가 녹는 현상도 융해, 무엇인가가 녹는 현상이 융해입니다.

녹은 양초가 굳는 현상은 응고, 녹은 초콜릿이 굳는 현상도 응고, 무엇인가가 굳는 현상이 응고입니다.

(2) 기화와 액화

물이 끓어서 수증기가 되는 것처럼 액체가 기체로 변하는 현상을 기화라고 합니다. 반대로 기체가 액체로 변하는 현상을 액화라고 합니다. 젖은 머리가 마르는 현상은 물이 수증기가 되어 날아가는 현상이니깐 기화입니다. 빨래가 마르는 현상도 기화, 찌개를 계속 끓이면 국물이 줄어드는 현상 역시 기화, 어떤 액체가 마르는 현상을 모두 기화라고 합니다.

차가운 얼음물이 담긴 컵 표면에 물방울이 생기는 현상은 공기 중 수증기가 컵 주변에서 차가워지면서 물방울로 변신한 것이니깐 액화입니다. 이슬이 맺히는 현상은 액화, 목욕탕 거울에 뿌옇게 김이 서리는 현상도 액화, 무엇인가가 액체 방울로 맺히는 현상은 액화입니다.

(3) 승화와 승화

아이스크림 케익 상자 속에 들어있는 하얀 고체 덩어리 드라이아이스를 생각해봅시다. 드라이아이스와 얼음을 접시에 놓아두면 얼음은 녹아서 물이 되는데, 드라이아이스는 녹지 않습니다. 그런데 시간이 지날수록 드라이아이스의 크기는 작아지죠? 드라이아이스에게 무슨 일이 생긴 걸까요? 이것이 바로 승화입니다. 고체인 드라이아이스가 직접 기체가 되어 날아가는 현상입니다.

반대로 기체가 직접 고체로 변하는 상태 변화 역시 승화라고 합니다. 추운 겨울 밖에 나가면 길바닥, 물체 위에 하얀 서리가 생겼지요? 이 서리는 갑자기 추워지면서 공기 중 수증기가 얼어, 직접 물체에 달라붙은 거예요. 바로 승화 현상입니다. 냉동실을 보세요. 물을 부은 것도 아닌데, 냉동실 벽에 하얀 성에가 생겼습니다. 성에 역시 수증기가 승화된 것입니다. 그밖에도 나프탈렌, 아이오딘 등은 승화가 일어나는 대표적인 물질들입니다.

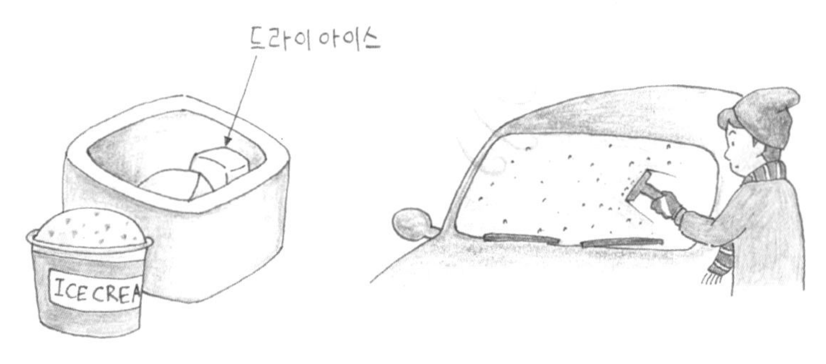

고체가 기체로 변하는 승화　　　기체가 고체로 변하는 승화

기체가 안 보여? 그럼, 하얀 김은?

드라이아이스는 고체 이산화탄소입니다. 그럼 드라이아이스가 승화할 때 하얀 김이 생기는데 이것이 이산화탄소 기체일까요? 답은 'NO'입니다. 기체가 아닙니다. 기체는 우리 눈에 보이지 않아요. 드라이아이스가 승화할 때 주위 공기의 온도가 빠르게 낮아지면서 공기 속 수증기가 액화하여 만들어진 물방울입니다. 수많은 물방울이 하얀 김처럼 보이는 것입니다.

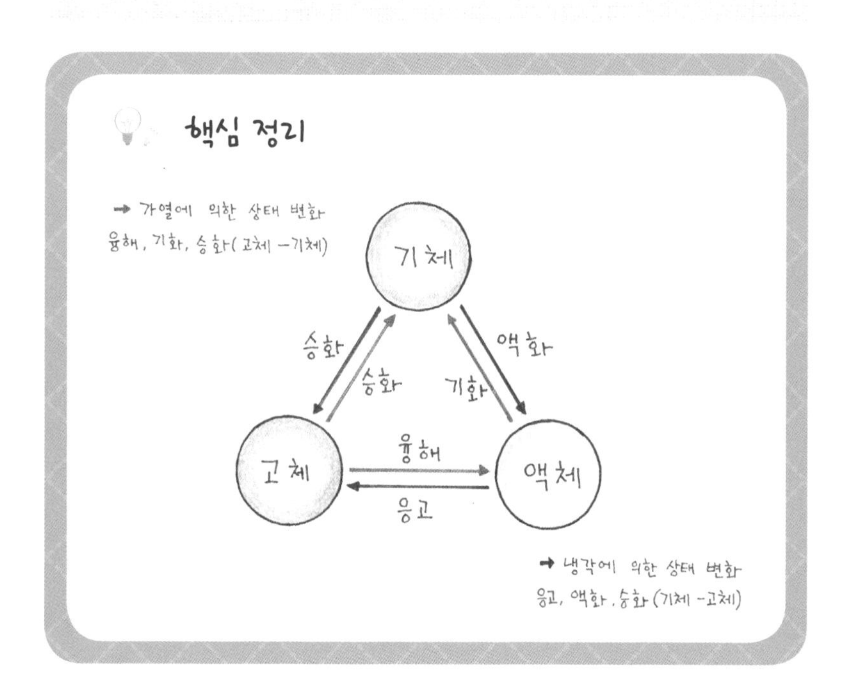

개념 풀이

1. 다음 그림은 물질을 가열하거나 냉각할 때 일어나는 상태 변화를 나타낸 겁니다. A~F에 알맞은 상태 변화의 종류를 써볼까요?

[답 : 화학 1–5]

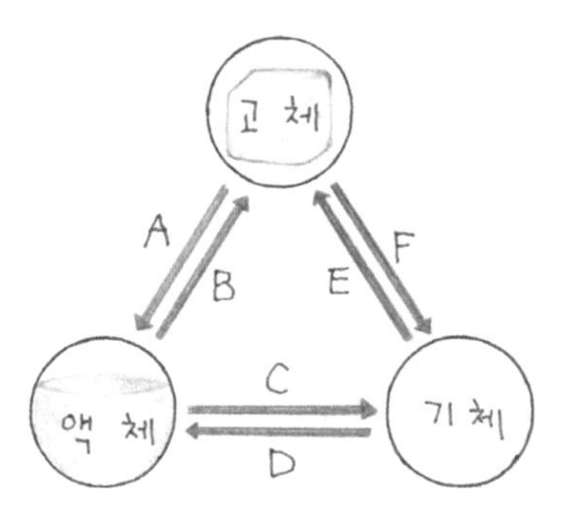

2. 위의 그림에서 A~F를 가열하는 상태 변화와 냉각하는 상태 변화로 구분해 볼까요?

[답 : 화학 1–6]

개념 풀이

3. 다음에서 말하는 예들은 어떤 상태 변화인지 써볼까요?

[답 : 화학 1–7]

① 따끈 따끈한 라면을 먹을 때 안경에 김이 서린다.

② 풀잎에 맺혔던 이슬이 사라졌다.

③ 영하의 날씨인데도 그늘에 쌓여 있던 눈이 점점 줄어든다.

4. 어는점과 녹는점, 끓는점

물이 어는 현상을 응고라고 했죠? 그럼 물은 몇 도에서 얼까요? 0℃가 되면 물이 얼기 시작합니다. 이렇게 액체가 얼기 시작하는 온도를 어는점이라고 합니다. 그러면 얼음은 몇 도에서 녹을까요? 0℃가 되면 얼음이 녹기 시작합니다. 이렇게 고체가 녹기 시작하는 온도를 녹는점이라고 합니다. 그런데 어는점도 녹는점도 0℃라구요? 맞아요. 물질의 녹는점과 어는점은 서로 같답니다. 액체가 끓는 온도는 끓는점이라 하고 물의 끓는점은 100℃입니다. 그런데 물이 1g이 얼 때도 100g이 얼 때도 0℃에서 얼까요? 네, 맞습니다. 모든 물은 질량에 관계없이 같은 온도에서 얼고, 같은 온도에서 녹습니다. 끓을 때 역시 모든 물은 질량에 관계없이 100℃에서 끓습니다. 그래서 물질의 어는점이나 녹는점, 끓는점은 물질마다 그 값이 일정하게 정해져 있다고 해서 '물질의 특성'이라고 합니다. 대신 시간은 당연히 차이가 있습니다. 만약에 물 100g이 끓는데 5분이 걸렸다면 같은 세기의 불꽃으로 가열하면 200g의 물은 끓는데 10분이 걸리겠죠?

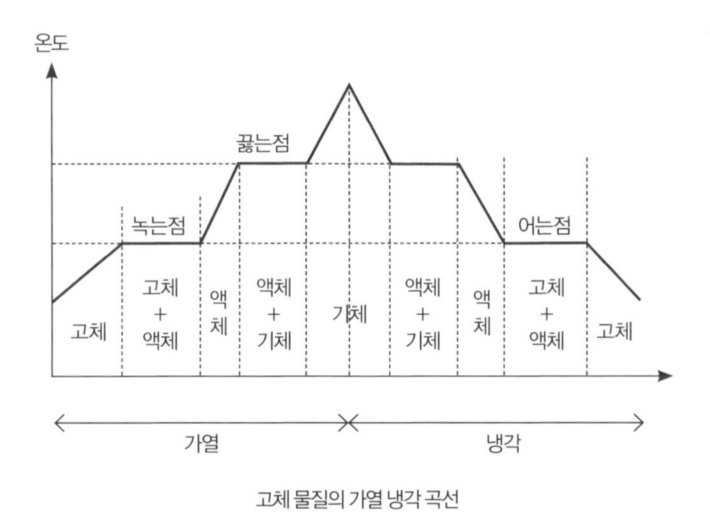

고체 물질의 가열 냉각 곡선

- 얼음이 녹을 때 순식간에 싹 물이 되지는 않죠? 이렇게 얼음이 녹을 때 얼음과 물이 함께 존재하는 것처럼, 고체가 녹을 때나 어는 동안에는 고체와 액체가 함께 존재합니다.
- 물이 끓을 때도 끓기 시작하는 순간! 물이 모두 수증기가 되어 사라지지는 않죠? 이렇게 액체가 끓을 때 역시, 액체와 기체가 함께 존재합니다.

핵심 정리

- **녹는점** 고체가 녹기 시작하는 온도
- **어는점** 액체가 얼기 시작하는 온도
- **끓는점** 액체가 끓기 시작하는 온도

※ 상태 변화가 일어나는 동안 온도는 변하지 않고 일정합니다.

개념 풀이

1. 그래프는 어떤 액체 물질 A~D를 가열하면서 시간에 따른 온도 변화를 나타낸 거예요. 그래프 속 액체 물질은 모두 몇 종류일까요?

[답 : 화학 1-8]

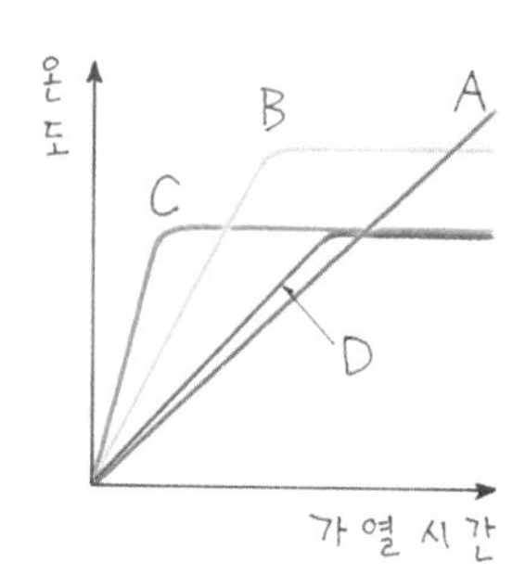

2. 위 그래프에서 C와 D의 질량을 비교해 볼까요?

[답 : 화학 1-9]

2 미안하다. 돌려다오. 너의 금메달을…….

1988년 88서울 올림픽! 여러분이 태어나기 훨씬 전이겠죠?

88서울 올림픽의 최대 관심은 남자 100m 달리기, 캐나다의 벤 존슨과 미국의 칼 루이스의 대결이었습니다. 승자는? 9초 79. 자신의 세계신기록을 0.04초 단축한 대기록으로 벤 존슨은 금메달을 차지합니다. 그러나 그의 금메달은 곧 박탈당하고 말았습니다. 이유는 소변 도핑테스트 결과 약물검사에서 양성반응이 나왔기 때문입니다. '소변 도핑테스트? 그러면 오줌?' 그런데 오줌의 지린내의 정체가 뭘까요? 오줌의 90% 이상은 물입니다. 이 물속에 요소, 요산, 무기 염류 등이 들어 있는데 우리가 어떤 음식물을 먹었는지에 따라 성분들이 조금씩 달라집니다. 그리고 이런 여러 가지 성분들이 고약한 냄새를 만들어 냅니다. 오줌처럼 여러 가지 물질이 섞여 있는 것을 혼합물이라고 하고 물과 같이 다른 물질이 섞여 있지 않은 한 종류의 물질을 순물질이라고 합니다.

도핑테스트

소량의 혈액이나 소변을 채취하여 크로마토그래피라는 기술을 활용해 약물 복용 여부를 검사합니다.

1. 순물질과 혼합물

순물질은 크게 홑원소 물질과 화합물로 나눠집니다. 홑원소 물질은 한 가지 원소로 되어 있는 물질을 말하는데 수소, 산소, 질소 등이 있습니다. 화합물은 두 종류 이상의 원소로 되어 있는 물질을 말하는데 물, 염화나트륨, 이산화탄소 등이 있습니다.

순물질

	홑원소 물질			화합물		
	수소	산소	질소	물	염화나트륨	이산화탄소
분자 모형	H H	O O	N N	H O H		O C O
원소 종류	수소	산소	질소	수소와 산소	나트륨과 염소	탄소와 산소

혼합물은 소금물과 설탕물처럼 고르게 섞여있는 균일 혼합물과 흙탕물, 주스처럼 고르지 않게 섞여있는 불균일 혼합물이 있습니다.

혼합물

균일 혼합물	불균일 혼합물
소금물	흙탕물
순물질(소금) + 순물질(물) 소금물을 맛보면 어디나 똑같이 짭니다. 소금과 물이 고르게 섞여있기 때문입니다.	흙탕물의 아래쪽에 흙이 많습니다. 흙과 물이 고르지 않게 섞여 있습니다.

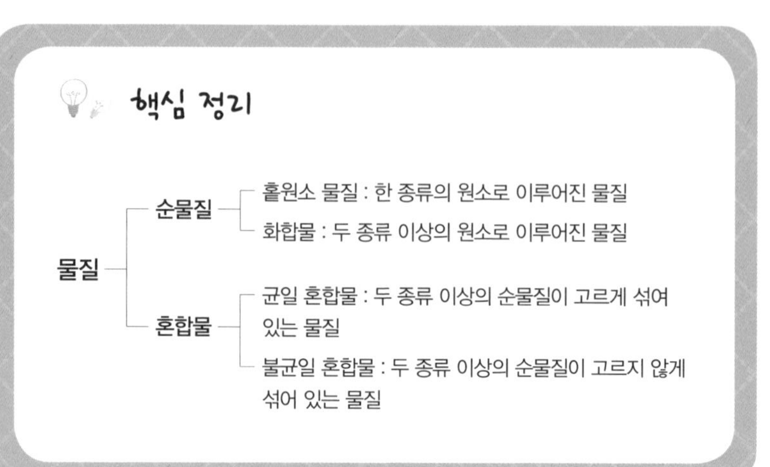

개념 풀이

1. 다음 그림은 질소와 수소가 반응해서 암모니아를 만드는 반응입니다. 그림에서 홑원소 물질과 화합물을 각각 찾아볼까요?

[답 : 화학 1–10]

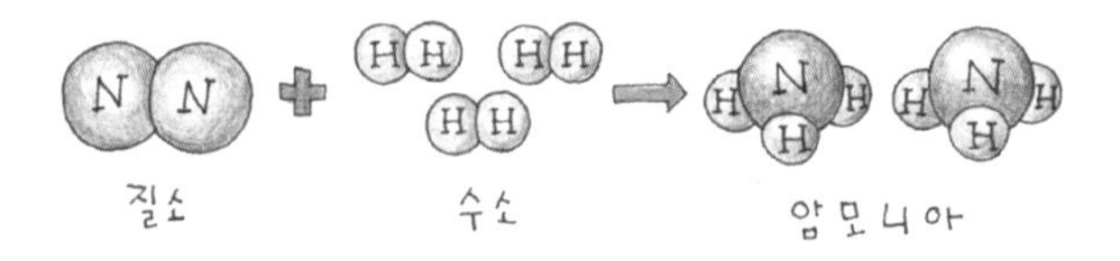

2. 물질의 특성

(1) 밀도

퐁당 퐁당 돌을 던지면 물속에 가라앉죠? 그런데 튜브를 물속에 던지면 물 위에 뜹니다. 왜일까요? 이것은 바로 밀도 차이입니다.

밀도란 같은 부피일 때 질량이 누가 큰가를 비교하는 값입니다. 예를 들어 같은 부피의 돌과 튜브의 질량을 측정하면 돌의 질량이 크죠? 그러면 밀도 역시 큰 것입니다. 밀도가 큰 물질은 아래로 가라앉고, 밀도가 작은 물질은 위로 뜹니다.

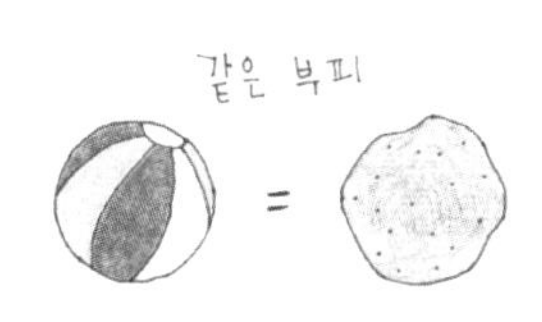

- 밀도의 크기 : 돌 > 튜브
- 일반적으로 밀도는 고체가 가장 크고 기체가 가장 작답니다. (고체>액체>기체)

밀도를 구하는 식은 $\boxed{\text{밀도} = \frac{\text{질량}}{\text{부피}}}$ 입니다.

(2) 용해도

소금은 물에 참 잘 녹습니다. 그런데 맛있는 한우를 먹으러 갔을 때를 생각해 보세요. 고소한 참기름에 소금을 넣어주는데 소금이 기름에는 녹지 않고 그대로 있습니다. 왜일까요? 이것이 바로 용해도 차이입니다. 용해도는 쉽게 말하면 누가 얼마나 잘 녹는지를 나타내는 정도입니다. 소금은 물에 잘 녹아서 용해도가 큰 것이고, 기름에는 잘 녹지 않아 용해도가 작은 겁니다.

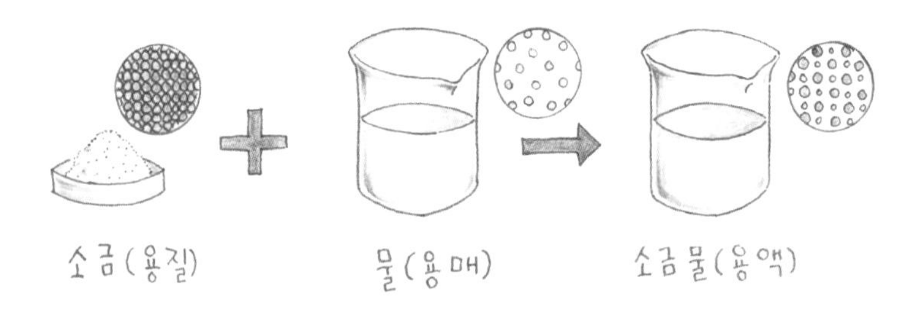

- 용매 : 물처럼 다른 물질을 녹이는 물질을 용매라고 합니다.
- 용질 : 소금처럼 용매에 녹는 물질을 용질이라고 합니다.
- 용액 : 소금물처럼 용질이 용매에 녹아있는 물질을 용액이라고 합니다.
- 용해 : 소금이 물에 녹듯이 용질이 용매에 녹는 현상을 용해라고 합니다.

소금이 물에는 잘 녹고 기름에는 잘 녹지 않는 것처럼 같은 용질이라 해도 용매의 종류가 달라지면 용해도는 달라집니다. 또 용해도는 온도에 따라서도 달라집니다. 코코아 가루는 차가운 물에 잘 녹지 않지만 뜨거운 물에는 잘 녹는 것처럼 고체의 용해도는 대체로 온도가 높아지면 커집니다.

용해도의 정의

용해도의 정확한 정의는 어떤 온도에서 용매 100g에 최대로 녹을 수 있는 용질의 질량을 g으로 나타낸 겁니다. 예를 들어 90℃ 물 100g에 질산나트륨이 최대 160g이 녹는다면 질산나트륨의 용해도는 160입니다.

핵심 정리

1. 밀도 단위 부피에 해당하는 질량

$$\text{밀도} = \frac{\text{질량}}{\text{부피}}$$

2. 용해도

어떤 온도에서 용매 100g에 최대로 녹을 수 있는 용질의 g수

개념 풀이

1. 수조에 스타이로폼과 모래의 혼합물을 넣고, 물을 넣었더니 다음 그림과 같았습니다. 이때 왜 스타이로폼은 물위에 뜨고 모래는 물 아래로 가라앉았을까요?

[답 : 화학 1-11]

2. 60℃ 물 50g에 고체 물질 A를 최대로 녹였더니 10g이 녹았습니다. 고체 물질 A의 용해도는 얼마일까요?

[답 : 화학 1-12]

3. 혼합물의 분리

도핑테스트는 소량의 혈액이나 소변을 채취하여 크로마토그래피라는 기술을 활용해 약물 복용 여부를 검사하는 것입니다. 그러면 크로마토그래피는 뭘까요?

크로마토그래피로 어떻게 약물을 복용했는지 알아낼 수 있을까요?

소변은 물과 요소, 요산 등이 섞여있는 혼합물이라고 했죠? 크로마토그래피를 이용하면 이런 혼합물을 분리해낼 수 있습니다. 혼합물을 분리하는 다양한 방법을 자세히 알아보겠습니다.

(1) 크로마토그래피

크로마토그래피는 혼합물을 이루는 성분 물질이 용매를 따라 이동하는 속도가 다른 것을 이용하여 혼합물을 분리하는 방법입니다. 실험 방법을 알아보겠습니다.

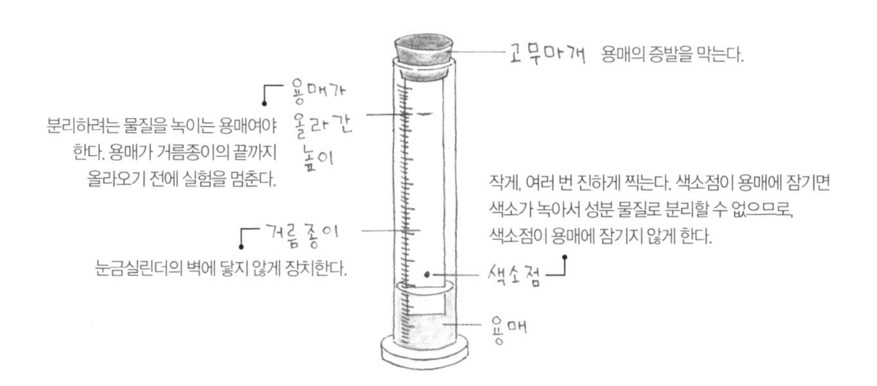

종이 크로마토그래피 실험 장치

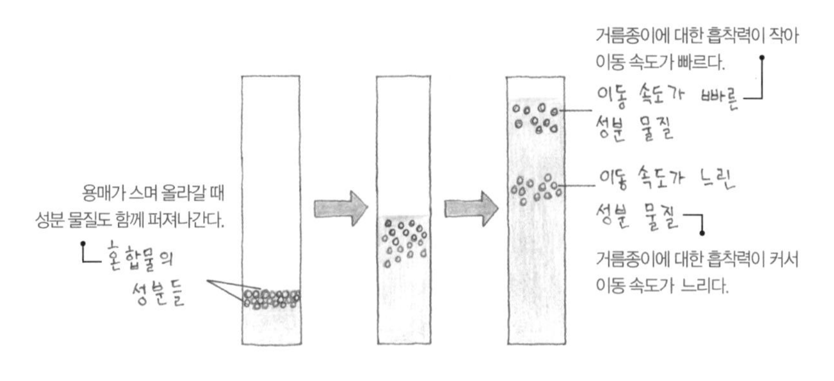

크로마토그래피의 원리

크로마토그래피를 이용하면 아주 적은 양의 복잡한 혼합물도 각각의 성분으로 분리할 수 있습니다. 게다가 어떤 성분이 분리되어 올라간 높이와 용매가 올라간 높이의 비를 알면 그 성분이 무엇인지도 알 수 있습니다. 그러니까 소변 속에 포함된 약물도 딱 알아 맞출 수 있는 기특한 방법입니다.

(2) 밀도차를 이용한 혼합물의 분리

2007년 태안 앞바다에 기름이 유출되는 사고가 발생했었습니다. 매일 뉴스를 보면서 마음 아파했던 일이 생각납니다. 뉴스를 보는데 바닷물 위에 기름이 둥둥 떠 있는 겁니다. 이 기름을 유흡착제를 이용하여 제거했습니다. 그런데 왜 기름은 바닷물 위에 뜨는 걸까요? 바로 밀도차 때문입니다.

앞에서 밀도를 배웠죠? 밀도가 작으면 위로, 밀도가 크면 아래로 이동합니다. 기름이 바닷물보다 밀도가 작아서 위에 뜨는 겁니다. 이런 원리를 이용해서 혼합물을 분리할 수 있습니다. 분별 깔때기에 서로 섞이지 않는 두 액체 혼합물을 넣고 가만히 두면, 밀도 차이에 의해 층을 이루게 되는데 이때 콕을 열어 아래층의 액체를 따로 받아내면 간단하게 혼합물의 분리가 끝납니다.

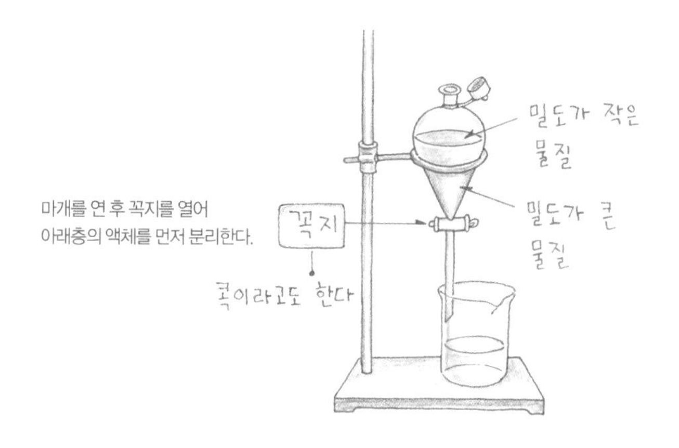

(3) 용해도 차를 이용한 분리

상상해 보세요. 하얀 소금을 하얀 모래 위에 폭삭 엎질렀습니다. 우리는 모래가 섞인 소금에서 소금만 분리해 낼 수 있을까요? 물론 할 수 있습니다. 이럴 때 이용하는 방법이 바로 용해도 차이입니다.

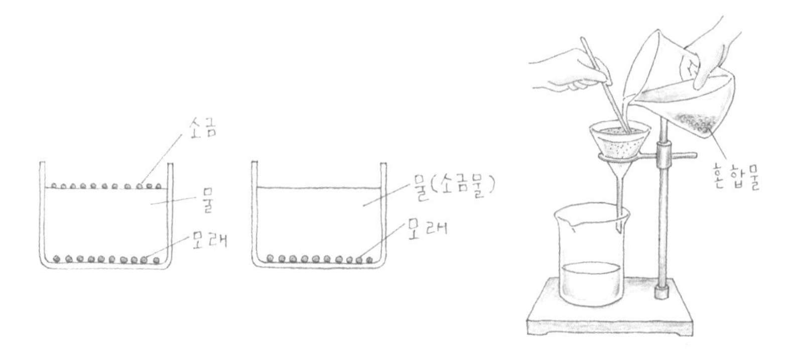

소금은 물에 용해되고, 모래는 용해되지 않는 용해도 차이를 이용한 거랍니다.

핵심 정리

• **혼합물의 분리 방법**

- 크로마토그래피 : 혼합물을 이루는 성분 물질이 용매를 따라 이동하는 속도차를 이용.
- 밀도차를 이용한 분리 : 서로 섞이지 않는 혼합물에서 밀도가 크면 아래로, 밀도가 작으면 위로 이동합니다. 분별 깔때기 등을 이용하여 분리.
- 용해도 차를 이용한 분리 : 한 용매에 섞이는 물질과 섞이지 않는 물질이 혼합되어 있을 때, 거름 장치를 통해 분리.

개념 풀이

1. 그림은 몇 가지 물질의 크로마토그래피의 결과를 나타낸 것입니다. 혼합물 ×에는 어떤 성분들이 포함되어 있을까요?

[답 : 화학 1-13]

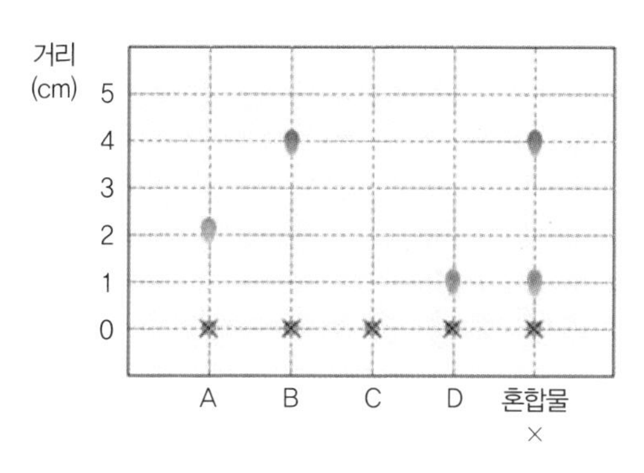

2. 새 옷에 기름때가 묻었습니다. 옷을 세탁소에 맡겨 드라이클리닝을 했더니, 신기하게 때가 쏘옥 빠졌습니다. 세탁소 아저씨는 어떤 방법으로 기름때를 제거했을까요?

[답 : 화학 1-14]

3 재치와 센스 만점! 클레오파트라

"클레오파트라의 진주 귀걸이, 어떤 화학 반응을 할까요?"

영화나 책에 등장하는 클레오파트라는 어마어마하게 아름다운 미모로 남자들을 유혹해요. 그런데 정말로 클레오파트라는 아름다운 외모로 남자를 유혹했을까요? 사실 클레오파트라는 영화 속 주인공처럼 빼어난 외모를 갖고 있지 않았어요. 그렇다면 왜 그렇게 인기가 많았을까요? 그것은 그녀의 재치와 센스, 지적인 매력이었답니다. 그녀는 수많은 외국어를 구사하고 말재주가 아주 뛰어나 그녀와 대화를 나누는 사람은 누구나 그녀에게 쏠랑 넘어가 버렸다고 하네요.

한번은 로마의 권력자 안토니우스의 마음을 빼앗기 위해 금은 장식으로 화려하게 치장한 연회를 열었는데, 안토니우스는 이렇게 화려한 파티에 많은 비용을 들였다며 비꼬듯 말했어요. 그러자 클레오파트라는 "지금까지 파티에 쓴 비용은 얼마되지 않아요. 이제 저 혼자 10,000 세스텔치아를 써보죠."라고 말하고는, 술잔에 식초를 담아 그녀의 진주 귀걸이를 식초에 빠뜨렸어요. 식초 속에 들어간 진주는 사르르 소리를 내며 녹아버렸고, 클레오파트라는 이 식초를 들어 단숨에 마셔버렸죠. 이 모습을 본 안토니우스는 클레오파트라의 대범함과 재치에 반해 사랑에 푹! 빠져버렸다고 해요.

그 당시 10,000 세스텔치아는 나라를 한 15개쯤 살 수 있는 어마어마한 돈이었다고 하네요.

생각만 해도 너무 아깝다. 그죠? 물론 이야기는 믿거나 말거나~!

그런데 왜 진주가 식초 속에 녹은 걸까요? 진주의 성분은 탄산칼슘이고 식초는 아세트산이 주성분이에요. 탄산칼슘은 아세트산과 같은 산에 잘 녹는 성질이 있어요. 너무 아깝다고 식초 속에 녹은 진주를 다시 원래의 진주로 만들 수 있을까요? 안타깝게도 그건 안돼요. 왜냐면 진주의 성질이 완전히 변해버렸기 때문이죠. 이렇게 식초에 녹은 진주처럼 원래의 성질을 잃고 전혀 다른 새로운 물질로 변화는 것을 '화학 변화'라고 해요.

그럼 지금부터 다양한 화학 변화에 대해 더 알아볼까요?

1. 물리 변화와 화학 변화

(1) 화학 변화

화학 변화는 처음 물질의 성질과 전혀 다른 새로운 물질로 변하는 것을 말합니다.

생김새와 가치는 너무나 다르지만 달걀의 단단한 껍질 역시 탄산칼슘이 주성분이예요. 그럼 달걀껍질을 식초 속에 넣으면? 역시 사르르 녹겠죠? 이런 반응 역시 화학 변화입니다. 종이가 타서 재가 되는 반응이나 철이 녹스는 반응, 음식물이 상하거나 소화가 되는 반응 역시 화학 변화입니다. 쉽게 녹은 진주처럼 원래 물질로 다시 되돌릴 수 없는 변화를 화학 변화라 생각하면 쉽겠죠?

(2) 물리 변화

이번엔 종이를 마구 찢어봐요. 찢어진 종이의 모양과 크기는 변했지만 여전히 종이예요. 종이가 갖는 성질은 변하지 않지요. 이렇게 원래의 성질은 그대로 유지된 채 모양이나 크기, 상태 등만 변하는 것을 물리 변화라고 합니다.

얼음을 녹이면 물이 되죠? 고체에서 액체로 상태가 변하지만 물은 다시 얼려서 얼음으로 만들 수 있어요. 이렇게 물리 변화는 원래 물질로 다시 되돌릴 수 있는 변화라고 생각하면 쉽겠죠? 유리가 깨지거나 설탕이 물에 녹는 반응 역시 물리 변화입니다.

구분	물리 변화	화학 변화
정의	물질의 고유한 성질은 변하지 않으면서 모양이나 상태 등이 변하는 현상	어떤 물질이 처음과 성질이 전혀 다른 새로운 물질로 변하는 현상
특징	물질의 성질이 변하지 않습니다. → 분자 자체는 변하지 않고 분자의 배열만 변하기 때문	물질의 성질이 변합니다. → 원자의 배열이 달라져 분자의 종류가 변하기 때문
모형	물 분자 설탕 분자 설탕 + 물 설탕물	새로운 분자가 생성된다 수소 산소 물
예	• 종이가 구겨집니다. • 물이 끓습니다. • 접시가 깨집니다.	• 종이가 타서 재가 됩니다. • 물을 수소와 산소로 분해합니다. • 철이 녹습니다.

2. 화학 반응식

식초와 아세트산이 반응해서 새로운 물질로 변할 때, 반응하는 식초와 아세트산을 반응물, 새롭게 생성된 물질을 생성물이라고 합니다. 반응물과 생성물을 한 눈에 보기 쉽게 정리해 놓은 식을 화학 반응식이라 합니다. 지금부터는 화학 반응식에 대해 알아보기로 해요.

(1) 화학 반응식 만들기

수소와 산소가 만나서 물이 되는 과정을 화학 반응식으로 나타내 볼까요?

• 첫 번째 : 화살표의 왼쪽에 반응물, 오른쪽에 생성물을 적어요. 이때, 반응물과 생성물이 두 개 이상이면 '+'로 표시해 주세요.
• 두 번째 : 반응물과 생성물을 원소 기호를 이용해 화학식으로 나타내 주세요.
• 세 번째 : 반응물과 생성물을 이루는 원자의 종류와 수가 서로 갖도록 맞춰 주세요.
• 마지막 : 반응물과 생성물이 고체인지, 액체 또는 기체인지를 표시해 주세요.

(고체 : s 액체 : *l* 기체 : *g*)

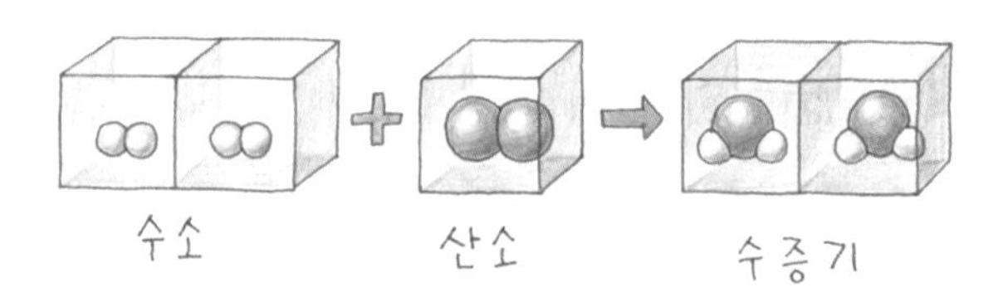

첫 번째 : 수소 + 산소 → 수증기

두 번째 : $H_2 + O_2 \rightarrow H_2O$

세 번째 : $2H_2 + O_2 \rightarrow 2\ H_2O$

(2) 질량 보존의 법칙

반응 전과 후에 원자의 수와 종류가 변하지 않는다면 질량은 어떨까요? 당연히 변하지 않겠죠?

수소 원자 4개 + 산소 원자 2개 → 수소 원자 4개 산소 원자 2개

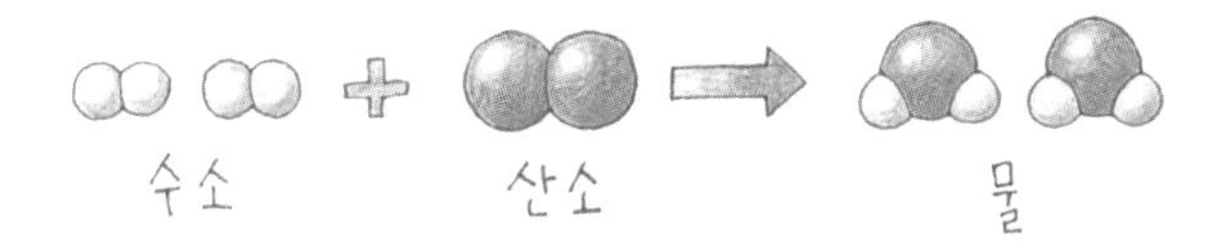

[질량] 수소 4g + 산소 32g → 물 36g

반응물의 총 질량(36g) = 생성물의 총 질량(36g)

이렇게 반응물의 질량의 총합과 생성물의 질량의 총합은 항상 같은데, 이것을 질량 보존의 법칙이라고 해요.

(3) 일정 성분비의 법칙

이번엔 우리 교실 안에서 남녀 학생 짝꿍을 만들어 볼까요?

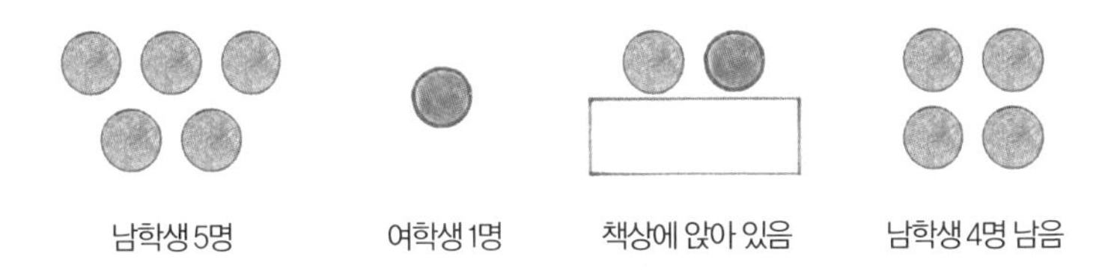

짝꿍을 만들 때 남학생이 아무리 많아도 여학생이 1명뿐이라면? 남녀 짝꿍은 1팀만 만들 수 있고 남학생 4명은 남죠? 화학 반응도 남녀 짝꿍 만들기와 비슷해요.

예를 들어 물이 생성되는 반응을 볼까요?

$$2H_2 + O_2 \rightarrow 2\ H_2O$$

[질량] 수소 4 g 산소 32g 물 36g

질량비 수소 : 산소 : 물 = 1 : 8 : 9

→ 수소와 산소는 항상 1:8의 질량비로 반응하여 물이 생성돼요. 이렇게 화학 반응이 일어날 때 반응물의 질량비가 항상 일정한데, 이것을 일정성분비의 법칙이라고 합니다.

예를 들어 수소 1g과 산소 10g을 반응시킨다면, 수소와 산소의 질량비가 1:8이므로 수소 1g과 산소 8g이 반응하고 산소 2g은 남게 되겠죠? 이렇게 산소가 아무리 많아도 수소의 질량이 적다면 산소는 모두 반응하지 못하고 남게 되는데, 이런 법칙을 일정성분비의 법칙이라고 합니다.

돌턴 할아버지의 원자설

1774년 라부아지에 할아버지께서 질량 보존의 법칙을, 1799년 프루스트 할아버지께서 일정 성분비의 법칙을 발표했어요. 그 뒤 두 법칙을 설명하기 위해 1803년 영국의 과학자 돌턴 할아버지께서 '돌턴의 원자설'을 제안하게 되죠. 돌턴의 원자설에 대해 살짝 알아볼까요?

1. 모든 물질은 더 이상 쪼갤 수 없는 원자로 이루어져 있다.

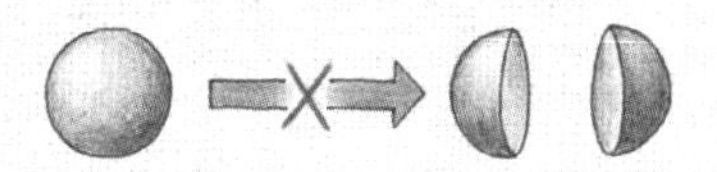

2. 같은 종류의 원자는 크기와 질량이 같고, 다른 종류의 원자는 크기와 질량이 다르다.

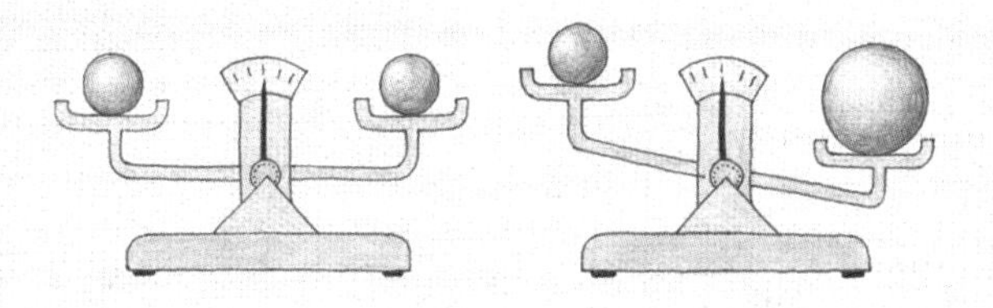

3. 원자는 없어지거나 새로 생기지 않으며, 다른 종류의 원자로 변하지 않는다.

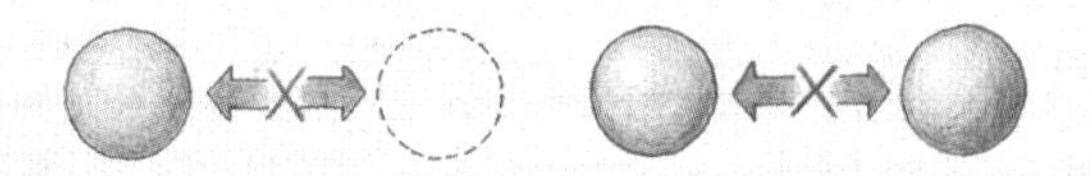

4. 서로 다른 원자들이 일정한 비율로 결합하여 새로운 물질을 만든다.

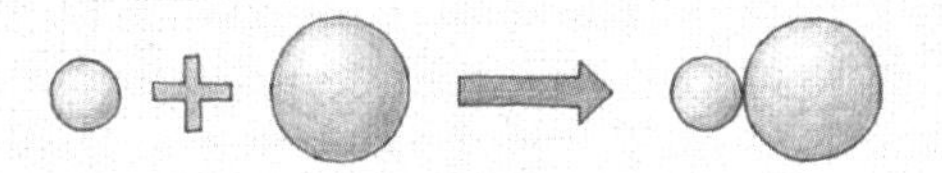

핵심 정리

1. 물리 변화와 화학 변화

- 물리 변화 : 물질의 고유한 성질은 변하지 않고, 모양이나 상태 등이 변화
- 화학 변화 : 물질이 성질이 전혀 다른 새로운 물질로 변하는 현상

2. 화학 반응식 만들기

- 반응물 + 반응물 → 생성물 + 생성물
- 반응물과 생성물을 화학식으로 나타냅니다.
- 반응 전과 후 원자 수가 같도록 계수를 맞춥니다.
- 반응물과 생성물의 상태(s, l, g)를 표시합니다.

3. 질량 보존의 법칙

반응 물질의 총 질량과 생성 물질의 총 질량은 같습니다.

4. 일정 성분비의 법칙 화합물을 구성하는 성분 원소 사이에는 일정한 질량비가 성립합니다.

개념 풀이

1. 혜식이는 물리 변화와 화학 변화의 차이를 알고 싶어 양초 하나를 준비했습니다. 혜식이가 양초를 통해 확인할 수 있는 물리 변화와 화학 변화의 예에는 무엇이 있을까요?

[답 : 화학 1-15]

개념 풀이

2. 질소 기체와 수소 기체를 반응시켜 암모니아 기체를 만들고 싶습니다. 다음 화학 반응식을 완성해 보세요.

[답 : 화학 1–16]

$$N_2 + H_2 \rightarrow NH_3$$

3. 에리는 질량보존법칙과 일정성분비의 법칙을 공부하기 위해, 두 개의 볼트와 6개의 너트를 준비했습니다. 그리고 볼트 한 개에 너트 두 개씩 짝을 맞춰 보았지요. 그림을 보고 질량보존법칙과 일정성분비의 법칙을 설명해 보세요. (단 볼트(B) 한 개의 질량은 2g이고, 너트(N) 한 개의 질량은 1g이랍니다.)

[답 : 화학 1–17]

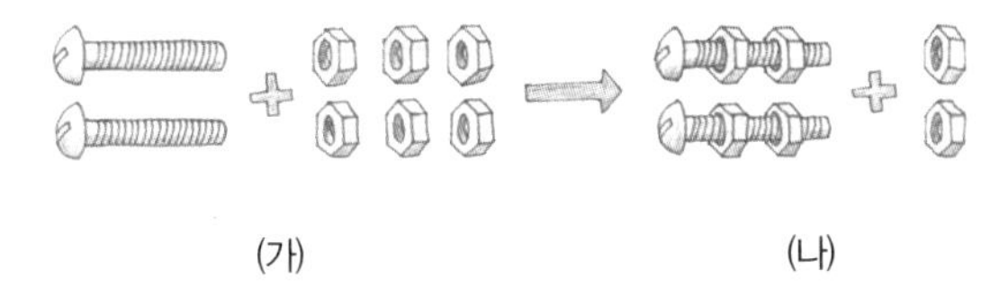

(가) (나)

3. 산화와 환원

우리 생활 속에서도 다양한 화학 반응이 있습니다. 지금 부엌으로 가 보세요. 가스레인지가 있죠? 가스레인지의 불을 딱! 키면 어떻게 되죠? 따뜻하죠? 그런데 가스레인지는 어떻게 따뜻한 불을 만들까요? 그건 가스레인지에 도시가스가 공급되고 있기 때문인데요. 도시가스의 주성분은 메테인이라는 물질입니다. 이 메테인이 타면서 가스레인지 불을 만들죠. 이렇게 어떤 물질이 타는 반응이 대표적인 화학 반응인데, 타는 현상은 물질이 공기 중의 산소와 결합하면서 빛과 열을 내는 현상이고, 이것을 '연소'라고 한답니다.

이 연소 반응처럼 어떤 물질이 산소와 결합하는 반응을 '산화'라고 합니다. 반대로 산소를 빼앗기는 반응을 환원이라고 한답니다. 산화와 환원은 완전 중요한 개념이니까 꼭! 기억해 두세요.

산화와 환원을 화학 반응식을 통해 살펴볼까요?

$$2Cu(s) + O_2(g) \rightarrow 2CuO(s)$$

이때 Cu는 산소를 얻어 CuO가 되죠? 그러니깐 산화된 물질은 'Cu'랍니다.

$$2Fe_2O_3(s) + 3C(s) \rightarrow 4Fe(s) + 3CO_2(g)$$

이때 Fe_2O_3은 산소를 잃어 Fe가 되죠? 그래서 환원되는 물질은 'Fe_2O_3'랍니다. 그럼 C는? 산소를 얻어 CO_2가 되니까 산화된거죠.

산화는 일반적으로 산소와 결합하는 반응을 말하지만, 전자를 잃는 현상 역시 산화반응입니다. 그럼 환원은? 전자를 얻는 반응입니다. 몇 가지 예를 살펴볼까요?

$$Cu(s) \rightarrow Cu^{2+}(aq) + 2e^-$$

구리가 전자 두 개를 잃어서 구리 이온이 되는 산화가 일어납니다.

$$Mg(s) \rightarrow Mg^{2+}(aq) + 2e^-$$

마그네슘이 전자 두 개를 잃어서 마그네슘 이온이 되는 산화가 일어납니다.

$$Zn^{2+}(aq) + 2e^- \rightarrow Zn(s)$$

아연 이온이 전자 두 개를 얻어서 아연이 되는 환원이 일어납니다.

핵심 정리

- **연소** 물질이 산소와 결합하여 빛과 열을 내며 타는 현상
- **산화** 물질이 산소와 결합하는 반응, 전자를 잃는 반응
- **환원** 화합물이 산소를 빼앗기는 반응, 전자를 얻는 반응

개념 풀이

1. 다음 반응이 산화-환원 반응인지 아닌지 구분해 보세요. 또 산화-환원 반응이 아니라면 그 이유도 말해 주세요.

[답 : 화학 1-18]

① $4Al + 3O_2 \rightarrow 2Al_2O_3$

② $2H_2O_2 \rightarrow 2H_2O + O_2$

③ $HCl + NaOH \rightarrow NaCl + H_2O$

2. 다음 화학 반응에서 산화된 물질과 환원된 물질을 각각 찾아주세요.

[답 : 화학 1-19]

$$CuO + H_2 \rightarrow Cu + H_2O$$

MEMO

아는 만큼 보인다!
빛, 전기, 자기장!

엘쌤의 한마디!

오늘과 내일에 거쳐 물리를 함께 공부해보기로 해요. 물리라는 과목은 어렵게 느껴지지만 오히려 그 원리만 이해하면 더 쉬운 과목입니다. 특히 오늘 공부할 빛, 전기, 자기장은 아는 만큼 주위에서 그 예를 많이 찾아볼 수 있는 단원입니다.
우리가 초등학교에서 거울과 렌즈를 통해 볼 수 있는 상의 크기를 공부했었죠. 중학교 때는 거울과 렌즈에서 볼 수 있는 빛의 반사, 빛의 굴절이라는 성질에 대해 공부할거에요. 또, 초등학교 때 배웠던 자석의 이용, 전기 회로 꾸미기 등에 이어 마찰전기, 옴의 법칙, 전류에 의한 자기장 등으로 조금 더 넓고 깊게 공부해보도록 하겠습니다.

1 친구인 듯 친구 아닌 거울과 렌즈, 빛의 성질

"안경과 거울을 통해 빛의 성질을 이해해볼까요?"

우리 친구들, 지금까지 무척 열심히 공부했어요! 벌써 지구과학, 생명과학, 화학을 모두 이해하고 잘 따라와 준 보답으로 내일은 소풍을 갈 거예요. 완전 신나죠? 소풍을 갈 장소는 내일 말해줄래요. 오늘은 소풍을 가기 위한 준비를 할 거예요. 원래 여행은 가기 전에 준비하는 시간이 더 많이 행복하잖아요. 자, 무엇을 먼저 준비해볼까요? 필수품 중 하나는 당연히 휴대폰이 되겠네요. 또는 카메라, 그리고 안경이나 거울이 필요할 수도 있겠어요. 그러고보니 이 준비물들은 모두 빛의 성질을 이용한 것들입니다. 거울과 렌즈는 비슷한 것 같으면서도 다르답니다. 소풍 준비물도 챙기면서 빛의 성질도 함께 공부해 보도록 하겠습니다.

우리는 물체를
어떻게 볼 수 있는 걸까요?

완전 어두운 방에 있으면 아무것도 보이지 않죠? 우리가 물체를 보려면 빛이 있어야 합니다. 전등이나 태양에서 빛이 나와 물체에서 반사되고 그 빛이 우리 눈에 들어오면 우리는 물체를 볼 수 있는 거예요.

1. 나를 사랑하게 하는 거울, 빛의 반사

특히 여학생들이라면 소풍갈 때 꼭 가지고 가야 할 준비물이 바로 거울입니다. 거울이 없다면 거울을 대신 할 수 있는 무엇이라도 가지고 가겠죠. 우리가 거울속의 내 얼굴을 알고 있다는 것은 어쩌면 꼭 필요한 일인지도 모릅니다. 적어도 내 얼굴을 알고 있으면 그리스 신화 속의 나르시스라는 목동과 같은 실수를 하진 않을 테니까요. 많이 들어봤을지도 모르는 이 이야기속의 나르시스는 물에 비친 자신의 얼굴을 보고 사랑에 빠졌거든요. 결국 물에 비친 자신의 얼굴을 따라가다 물에 빠져 죽었답니다. 만약 나르시스가 물에 비친 모습이 자신의 얼굴인걸 알았더라면 바보 같은 죽음은 없었을 거에요.

혹시나 너무 급하게 나가느라 거울을 준비 못했다면 아주 매끈한 엘리베이터 금속면에서도 우리의 얼굴을 비쳐 볼 수 있답니다. 또, 소풍 장소에 호수가 있다면 잔잔한 호수에서도 얼굴을 볼 수 있습니다. 대신 호수에 바람이 불어 물결치거나 금속면이 울퉁불퉁하다면 얼굴이 비쳐 보이지 않겠죠? 우리의 얼굴이 비쳐 보이는 잔잔한 호수나 매끈한 금속면 등이 거울을 대신할 수 있는 거랍니다. 물론 거울이 필요할 때 근처의 화장실로 가면 되긴 하죠.

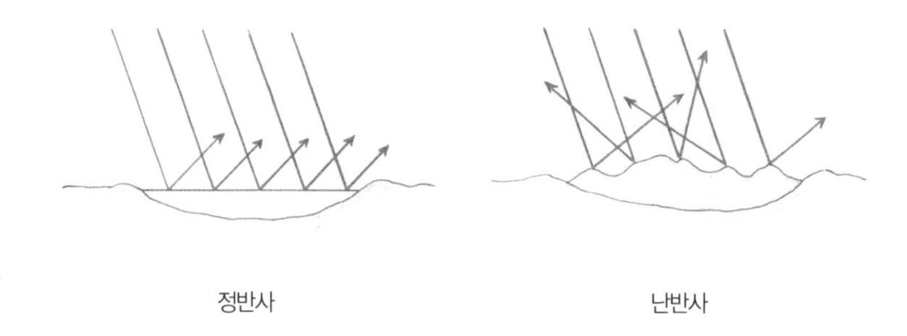

정반사 난반사

- 정반사 : 빛이 한 방향으로 반사되지요. 거울, 잔잔한 호수에서처럼 물체가 비쳐 보여요.
- 난반사 : 물결치는 호수, 거친 표면의 물체에서는 빛이 여러 방향으로 반사되지요. 물체가 비쳐 보이진 않지만 여러 곳에서 물체를 볼 수 있게 해 준답니다. 비치지 않는 대부분의 물체는 모두 난반사를 하고 있어요.

기억해요, 반사법칙

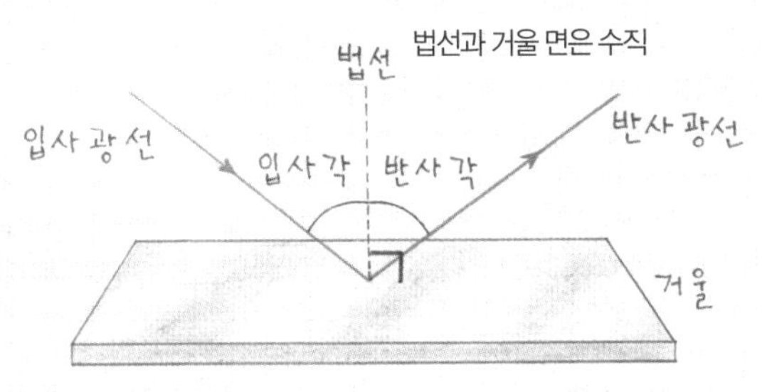

빛이 어떤 물체에 부딪혀 반사되어 나갈 때는 늘 반사법칙이 성립합니다.

- 입사각 = 반사각(예 : 입사각이 60°라면, 반사각도 60°입니다.)
- 반사법칙은 정반사, 난반사 모두 성립

이왕이면 예쁜 모습으로 소풍을 준비하면 좋으니까 거울 보며 머리도 예쁘게 빗어주고 살짝 미소도 지어 보세요. 사진 포즈도 연습해볼까요? 오른손 들어서 'V' 찰칵하고, 왼손 들어 하트 찰칵합니다. 어라, 분명 나는 오른손을 들어 'V' 했는데 거울 속의 나는 왼손 들어 'V'를 하고 있네요? 거울 속에 있는 상은 실제 나와 좌우가 바뀌어 보인답니다.

어때요? 이렇게 거울에 비친 나의 모습을 보니 사랑에 빠질만 한가요? 나르시스가 자신의 얼굴을 몰랐다는 건 바보 같긴 하지만 자기 자신의 얼굴을 사랑하는 건 무척 중요한 일인 거 같아요. 물론 거울로 보이는 겉모습뿐 아니라 진짜 내면의 나 자신을 사랑해야 겠죠?

2. 내가 커지는 오목거울, 작아지는 볼록거울

사실 조금 더 예쁘게 보이는 거울이 있긴 합니다. 어떤 거울은 유난히 내 키가 커 보이고, 또 어떤 거울은 내가 집에서보다 좀 더 날씬해보여서 잠깐 속기도 한답니다. 백설공주를 괴롭히는 마녀여왕이 거울을 보며 날마다 물어봤답니다. '거울아, 거울아, 세상에서 누가 제일 예쁘니?' 이때, 만약 거울이 백설공주를 보여주지 않고 마녀여왕을 오목거울이나 볼록거울에 비친 상을 보여줬다면 어떻게 되었을까요? 아마도 거울은 살아남지 못했을 거에요.

볼록거울은 숟가락 뒷면처럼 볼록하게 만들어진 거울인데 이 거울로 물체를 보면 실제보다 작게 보입니다. 볼록거울로 내 모습을 보면 내 얼굴이 작게 보이는 거죠. 볼록거울에서는 빛이 반사되어 퍼지기 때문에 더 넓은 공간을 볼 수 있어서 편의점 구석에 있는 감시용 거울이나 자동차 측면 거울로 많이 이용됩니다.

볼록거울

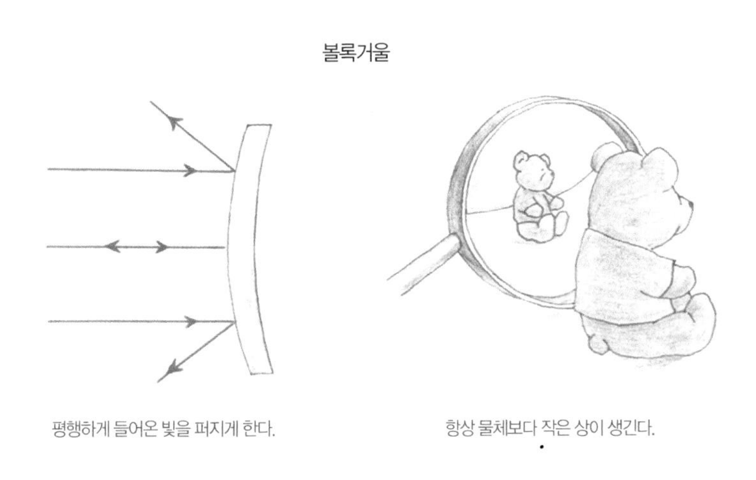

평행하게 들어온 빛을 퍼지게 한다. 항상 물체보다 작은 상이 생긴다.

오목거울은 숟가락 앞면처럼 오목하게 만들어진 거울이고 빛을 한 점에 모아줍니다. 그래서 성화 채화할 때 사용되는 거울이나 태양열 조리에 이용됩니다. 오목거울의 빛을 모으는 성질을 이용해서 아르키메데스는 거울 여러 개를 오목하게 배열하고 햇빛을 반사시켜서 로마군의 배를 불태워서 전쟁에서 승리했다고 해요. 이래서 사람은 배워야 한다니까요!

오목거울로 가까이 있는 물체를 보게 되면 실제보다 더 크게 보입니다. 어머니 화장거울 중에 얼굴 모공 다 보이는 거울 있죠? 그게 바로 오목거울을 이용한 거랍니다.

오목거울

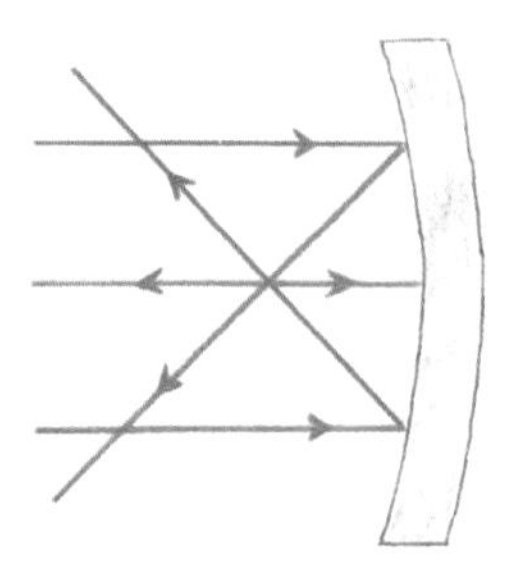

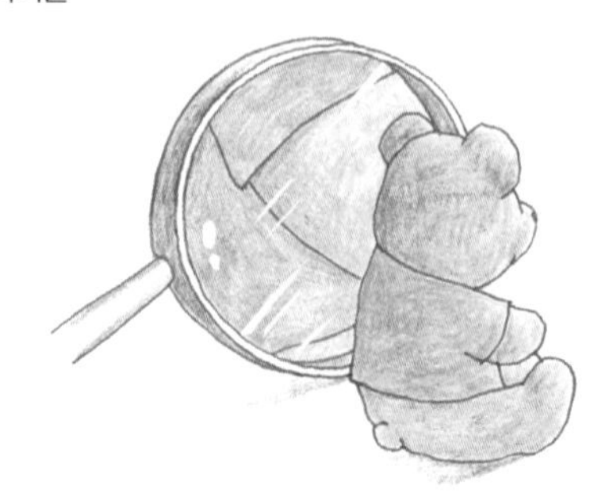

거울 면에서 반사된 빛이 한 점에 모인다. 물체가 거울 가까이 있을 때 큰 상이 생긴다.

여러 거울의 이용

오목거울			볼록거울	
	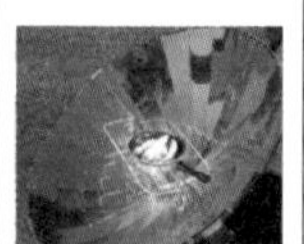			
성화 채화 거울	태양열 조리기	자동차 오른쪽 측면거울	편의점 감시용 거울	도로의 안전거울

핵심 정리

1. **물체를 볼 수 있는 이유** 햇빛이나 전등에서 나온 빛이 물체에서 반사되어 우리 눈에 들어오기 때문입니다.
2. **반사법칙** 입사각 = 반사각
3. **볼록거울** 빛이 퍼져 나갑니다. 항상 물체보다 작은 상이 생깁니다.
4. **오목거울** 빛을 모읍니다. 물체가 거울 가까이 있을 때 물체보다 큰 상이 생깁니다.

오목거울은 물체가 거울에서 멀리 있을 때 오히려 작고 거꾸로 뒤집혀진 상이 보일 수 있답니다. 2학년 과정에서 더 자세하게 공부하게 될 거에요.

3. 꺾여 보이고 커 보이는 빛의 굴절

요즘 시력 좋은 친구들을 찾기가 어렵던데, 여러분들도 안경을 쓰나요? 안경을 쓰는 친구들이라면 소풍 준비물로 안경을 꼭 챙겨야겠죠. 안경은 눈과 같으니까요. 엘쌤은 시력이 좋은 편인데 어릴 적엔 안경 쓰는 친구들이 마냥 부러웠어요. 안경이 약간 흘러내렸을 때 손끝으로 살짝 올려주는 모습이 이유 없이 똑똑해보였거든요.

앞에서 혜식쌤한테 자동차 타고 안면도 가는 얘기 들었죠? 자동차를 타고 포장된 도로를 달리면 속력이 빠른데, 진흙길을 가게 되면 자동

굴절의 원리

빛의 굴절

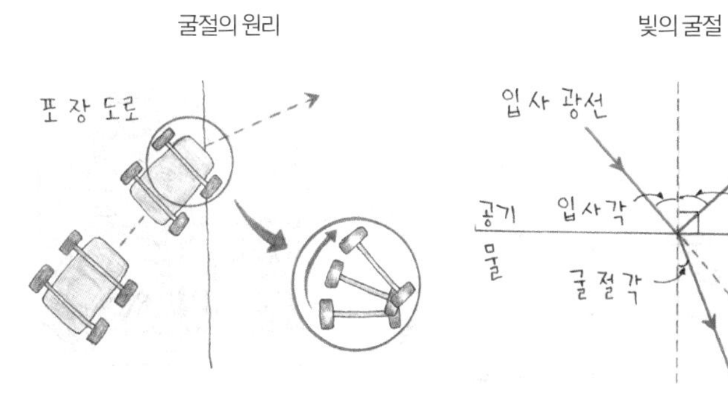

자동차가 속력이 빠른 포장도로에서 속력이 느린 진흙길로 비스듬히 가게 되면 진흙길에 먼저 닿은 바퀴 하나만 헛돌면서 자동차의 진행 방향이 꺾여요.

공기 → 물 : 입사각 = 반사각 > 굴절각

차가 빨리 못가겠죠. 바퀴가 많이 헛돌거에요. 이런 원리로 빛도 속력이 빠른 쪽에서(공기) 느린 쪽으로(물) 진행할 때 꺾이게 되는데 이것이 굴절입니다. 이렇게 빛이 꺾이는 이유는 물질에 따라 빛의 속력이 다르기 때문입니다.

빛은 공기에서 슝 빠르고 물에선 좀 느립니다. 그러다 보니 공기에서 물로 진행할 때 물 쪽(느린 쪽)으로 꺾이고 그래서 입사각이 굴절각보다 큽니다.

이렇게 굴절이 일어나면 꺾여 보이고, 커 보이고, 떠 보이고, 굵게 보인답니다.

빛의 굴절에 의한 현상

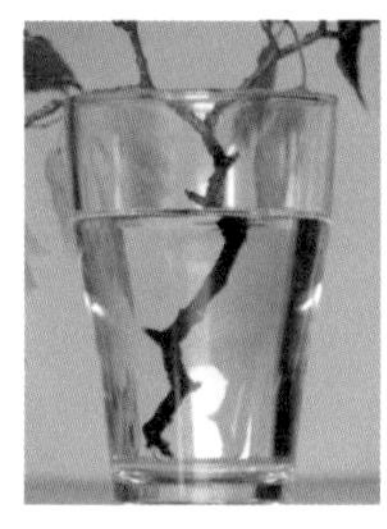

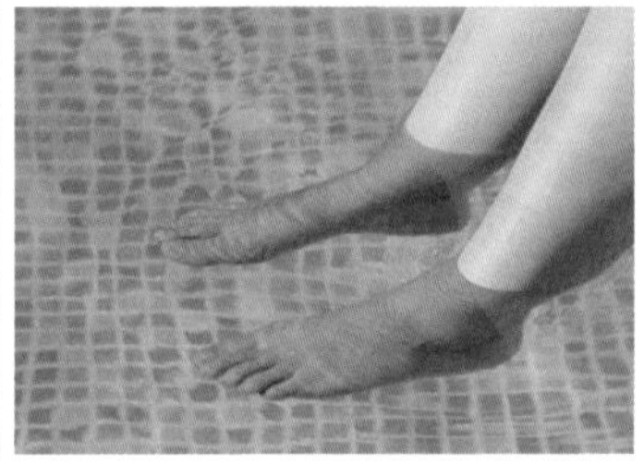

TV 프로그램 중에 〈정글의 법칙〉을 보면 무인도 같은데 가서 물고기를 잡는 장면도 볼 수 있습니다. 만약 그물 없이 작살로 물고기를 잡아야 한다면, 작살을 물고기 보이는 위치로 던지면 물고기는 못 잡을 거에요. 물고기는 실제보다 약간 떠 보이거든요. 이것도 굴절의 한 현상이랍니다. 그러니까 물고기 보이는 위치보다 살짝 아래쪽을 겨냥해서 작살을 던져 물고기를 딱 잡아야 합니다. 이제 무인도로 소풍을 가도 문제없겠죠?

4. 할머니의 볼록렌즈, 내 친구의 오목렌즈

엘쌤이 중학생일 때 친구 중 하나는 돋보기 같은 안경을 쓰고 다녔었답니다. 선천적으로 할머니, 할아버지와 같은 원시였었거든요. 그래서 가끔 그 친구 안경을 가지고 작은 글씨를 확대해서 보곤 했습니다. 과학수사대 영화나 탐정만화에서도 돋보기는 필수 아이템이죠. 얼마 전 은행에 갔더니 어르신들을 위한 돋보기가 준비되어 있더군요.

할머니, 할아버지와 같은 어르신들은 눈의 수정체가 탄력이 떨어져서 빛이 너무 적게 굴절하고 상이 망막 바깥쪽으로 맺힙니다. 기억하죠? 몇일 전 생명과학 시간에 배웠잖아요? 망막에 상이 맺혀야 뚜렷하게 물체를 볼 수 있답니다. 이렇게 상이 망막 뒤에 맺힌 눈을 원시라고 합니다. 이 원시는 볼록렌즈로 된 안경을 써서 빛을 한 번 모아주면 상이 망막에 잘 맺히게 된답니다.

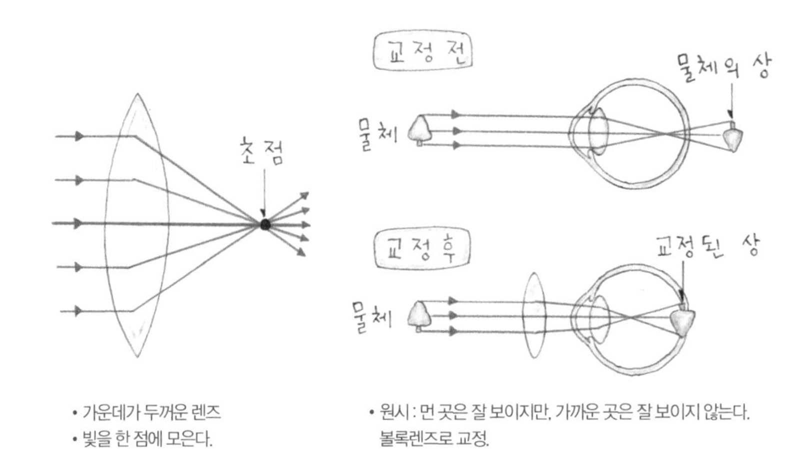

볼록렌즈와 원시 교정

아마도 우리 친구들은 대부분이 근시일 텐데요. 근시는 수정체의 탄력이 커서 빛이 너무 많이 굴절하는 경우에 생기고 상이 망막 앞에 맺힙니다. 이 경우는 오목렌즈로 교정한답니다.

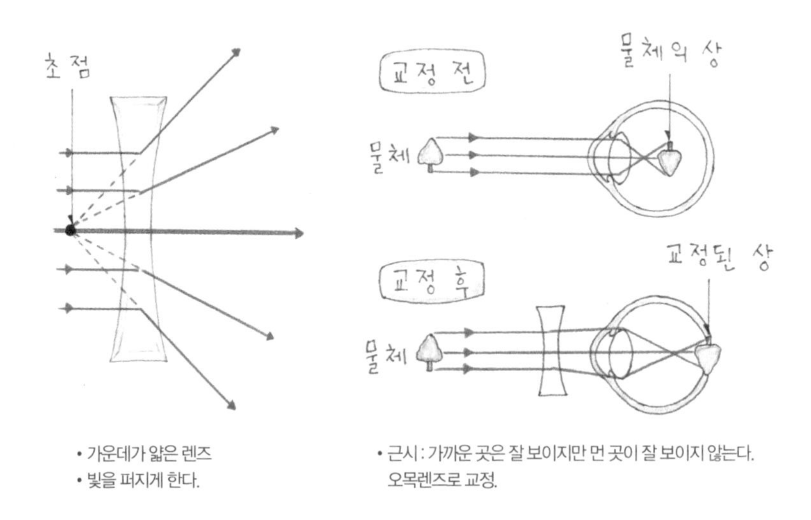

오목렌즈와 근시 교정

거울은 빛의 반사를 이용하고, 렌즈는 빛의 굴절을 이용합니다. 오목거울과 볼록렌즈는 그 원리는 다르지만 둘 다 빛을 모은다는 공통점을 가지고 있습니다. 거울과 렌즈의 성질을 잘 기억해두면 무인도에서 불이 필요할 때 햇빛을 이용해서 빛을 모아 불을 만들 수 있겠죠? 생각할수록 무인도가 소풍 장소로 괜찮네요.

지금까지 여러분은 시험에 잘 나오는 중요한 내용들을 공부했습니다. 한 번 더 정리해보고 문제도 함께 풀어보면서 꼭 기억해보도록 합시다.

핵심 정리

1. **빛이 굴절하는 이유** 물질 속에서 진행하는 빛의 속력이 물질마다 다르기 때문입니다. (빛의 속력 : 공기 > 물)

2. **입사각과 굴절각의 관계** 입사각 > 굴절각(공기 → 물)

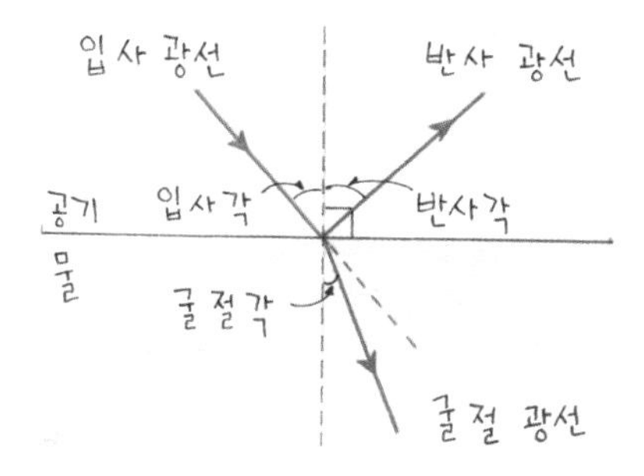

3. **굴절의 여러 가지 현상**
물 속 빨대가 꺾여 보입니다. 물속 다리가 짧고 굵게 보입니다. 물 속 물고기가 실제보다 크고 떠 보입니다.

4. **볼록렌즈** 빛을 모읍니다. 원시 교정 렌즈

5. **오목렌즈** 빛을 퍼지게 합니다. 근시 교정 렌즈

개념 풀이

1. 여러분은 지금 이 책을 읽고 있는 중입니다. 빛이 어떤 경로를 통해 여러분의 눈으로 들어가게 되는지 설명해보세요.

[답 : 물리 1–1]

2. 아르키메데스는 거울 여러 개를 해안에 오목한 모양으로 배열한 후 빛을 반사시켜 적군의 배에 모았고 그 결과 배가 불탔어요. 그래서 아르키메데스쪽이 승리했답니다. 우리가 앞에 배운 여러 가지 도구 중 어떤 것의 원리를 이용한 걸까요?

[답 : 물리 1–2]

3. 혜식이는 무인도에 가서 저녁 식사로 물고기를 작살로 잡아 생선구이를 먹을 예정입니다. 이 작살을 어떻게 던져야 물고기를 잡을 수 있을까요?

[답 : 물리 1–3]

개념 풀이

4. 다음의 여러 예시들을 빛의 반사를 설명한 것에는 '반', 빛의 굴절을 설명한 것에는 '굴'이라고 써 보세요.

[답 : 물리 1-4]

① 잔잔한 수면에 얼굴이 비쳐 보입니다. (　　　)

② 자동차의 측면 거울은 넓은 범위를 볼 수 있도록 되어 있습니다. (　　　)

③ 물속 물고기가 실제보다 커 보입니다. (　　　)

④ 돋보기나 원시 교정용 안경에는 볼록렌즈가 이용됩니다. (　　　)

⑤ 영화관의 스크린을 통해서 모든 위치에서 영화를 볼 수 있습니다. (　　　)

2 만들 수 있어? 꼭 필요한 전기

“소풍 준비물로 전기를 만들어간다고?”

자, 이제 소풍을 위한 개인 준비물은 다 챙겼으니 예쁘고 멋있게 꾸미고 지정된 장소로 가기만 하면 됩니다. 그런데, 만약 준비해야 하는 시간에 정전이라도 된다면 낭패겠죠. 집안이 온통 어두울 것이고, 드라이기를 쓰기도 어려울 것이고 역시 핸드폰 충전도. 아이쿠, 너무 불편하겠죠. 우리 삶에 가장 편리하고 꼭 필요한 전기에 대해 알아보도록 하겠습니다. 쉽게 만들어볼 수 있는 전기의 종류도 함께 알아보도록 하겠습니다.

1. 플러그 없는 전기, 마찰전기

아마도 소풍을 위해 무엇을 입어야 할지 고민을 많이 하고 있겠죠. 스웨터를 입을까. 스커트를 입을까. 스웨터로 결정하고 입었다가 다른 걸로 바꿔 입으려고 벗는데, '찌지직'하는 소리가 났던 경험 있죠? 스커트가 스타킹에 자꾸 달라붙어서 걸어 다니면서 신경 쓰이기도 하고요. 여러분들도 알다시피 이것은 마찰전기입니다.

그리스의 철학자인 탈레스는 어느 날 호박을 털가죽으로 열심히 닦고 있었습니다. 이때 호박은 먹는 호박 말고 보석의 종류인 호박입니다. 그런데 호박을 닦으니까 자꾸 먼지 같은 게 달라 붙는 거에요. 이렇게 먼지가 끌려오는건 마찰전기 때문이랍니다. 그렇지만 탈레스는 이것이 마찰전기 때문에 생기는 현상이라는 것은 알지 못했답니다. 마찰전기가 어떻게 발생하는 건지 알려면 먼저 원자의 구조를 살짝 보고 가야 합니다.

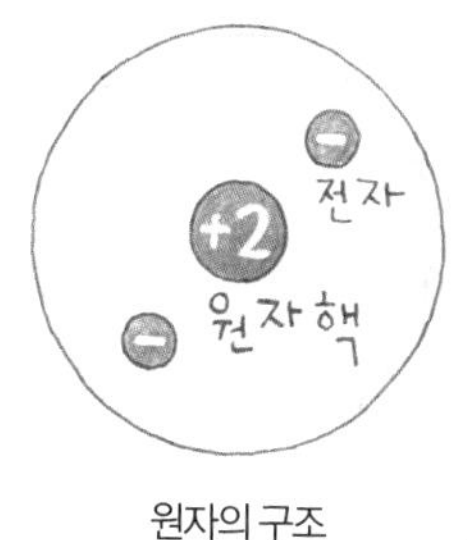

원자의 구조

호박과 털가죽은 모두 원자라고 하는 눈에 보이지 않는 가장 작은 알갱이로 되어 있습니다. 이 원자는 사실 중심엔 (+) 전하를 띠는 원자핵이, 주위엔 (-) 전하를 띠는 전자로 되어 있는데 원자핵은 무거워서 움직이지 못하고, 전자는 가벼워서 자유롭게 움직일 수 있습니다. 또 원래 원자는 (+) 전하량과 (-) 전하량이 같아서 중성입니다.

호박이랑 털가죽처럼 서로 다른 물체는 전자수도 다릅니다. 이렇게 서로 다른 물체를 문질러서 마찰을 시키면 한쪽에서 다른 쪽으로 전자가 이동한답니다. 전자는 가볍고 자유롭거든요. 그러면 한쪽 물체는 전자를 얻어서 (-) 전기적 성질인 (-) 전하를 띠고, 다른 한쪽 물체는 전자를 잃어서 (+) 전하를 띱니다. 결국 서로 다른 전하를 띠게 되니까 서로 엄청 끌어당기게 되죠. 마치 데면데면했던 두 친구가 체육시간에 몇 번 붙어서 운동하더니 엄청 친한 친구가 되어서 꼭 붙어 다니게 된 것처럼 말입니다.

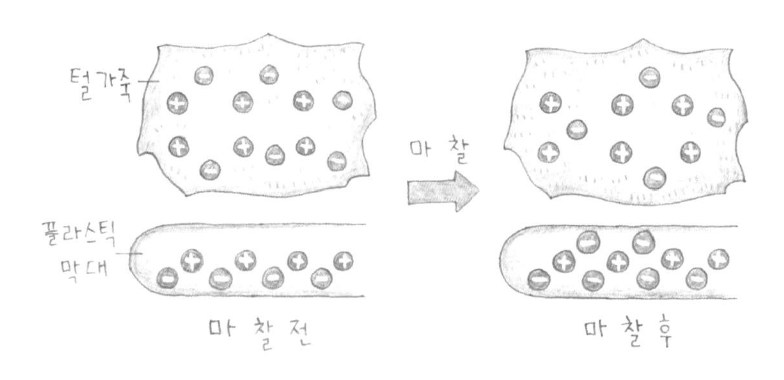

마찰전기의 발생

이렇게 전기를 띠게 되는 현상을 '대전'이라고 하고, 전기를 띠게 된 물체를 '대전체'라고 합니다.

헷갈린다.
마찰력? 자기력? 전기력?

1) 전기력 : 앞에 얘기한 마찰전기가 전기력에 해당됩니다. 전기를 띤 물체끼리 작용하는 힘입니다. 같은 전기를 띠고 있으면 서로 밀어내고(척력이라고 불러요), 다른 전기를 띠고 있으면 서로 당긴답니다(인력이라고 불러요).

2) 자기력 : 자석 사이에 작용하는 힘입니다. 이것도 같은 극끼리는 척력, 다른 극끼리는 인력이 작용합니다.

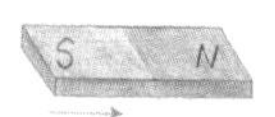

3) 마찰력 : 우리가 바닥에서 물체를 끌거나 밀 때 힘이 드는데, 이때의 힘이 마찰력입니다. 어떤 물체를 당길 때 반대쪽에서 친구가 잡아당기면 힘든 것처럼, 접촉하는 면에서 내가 하는 운동을 방해하는 것처럼 느껴지는 힘이 마찰력입니다. 당연히 그 힘은 보이지 않는 힘이지요. 보이지 않는 마찰력의 방향은 우리의 운동 방향과 반대입니다. 그러니 마찰력은 마찰 전기와 전혀 상관없는 힘이랍니다.

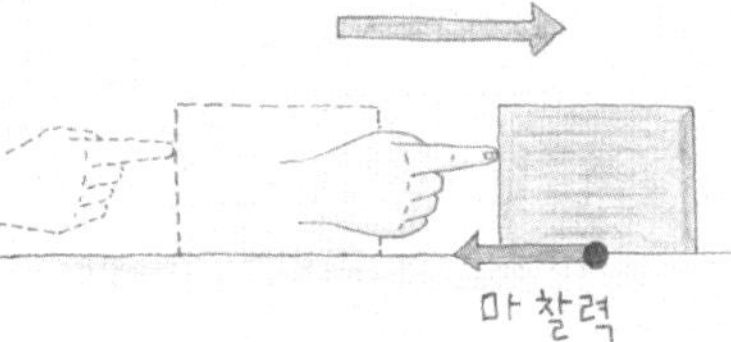

그렇다면, 물체를 서로 마찰시켜야만 전기를 만들어낼 수 있는 걸까요? 마찰시키지 않고 전기를 만들어 낼 수 있는 방법이 있습니다. 마술 같다니까요. 엘쌤이 간단히 소개할테니 소풍 때 장기자랑 시간에 해보세요.

준비물은 알루미늄 캔, 플라스틱 자, 털가죽입니다. 털가죽은 겨울옷 중에 많이 부착되어 있을 테니 옷장을 잘 뒤져보면 찾을 수 있을 거에요. 플라스틱 자와 털가죽을 마구 마찰시키면 플라스틱 자가 (-) 전하를 띠게 됩니다. (-) 대전체가 되는 거예요. 이 플라스틱 자를 대전되지 않은 알루미늄 캔에 가까이만 가져가 보세요. 마치 마술처럼 알루미늄 캔이 플라스틱 막대를 졸졸졸 따라 굴러오게 됩니다. 이것은 머물러 있는 전기 즉, 정전기를 유도해냈다고 해서 '정전기유도'라고 부릅니다.

(-) 대전체를 알루미늄 캔에 가까이 가져가면 알루미늄 캔의 A 쪽에 있던 전자들이 (-) 대전체(플라스틱 자)에서 멀리 도망가려고 합니다. 전자들이 B 쪽으로 많이 도망가 버리면 A는 (+) 전하를 띠게 되고 B쪽은 (-) 전하를 띠게 됩니다. 그래서 (-)의 플라스틱 자와 알루미늄 캔의 (+)를 띠는 A쪽이 서로 붙으려고 하게 됩니다.

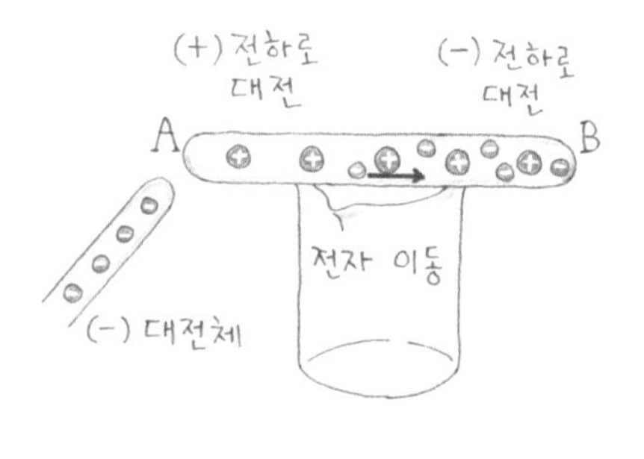

정전기 유도 원리

이러한 정전기 유도 현상을 이용해서 물체가 대전되었는지, 아닌지를 확인할 수 있게 하는 기구가 검전기입니다.

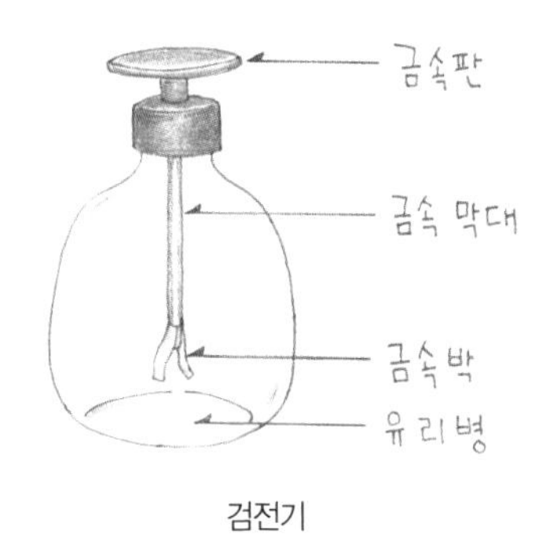

검전기

검전기를 이용하면 물체가 대전되었는지, 얼만큼 많이 대전되었는지, 대전된 전하가 (+)인지 (-)인지도 알 수 있습니다. 이 검전기는 3학년 과정에서 자세하게 공부합니다.

핵심 정리

1. 마찰전기

전자를 잃은 물체는 (+) 대전체, 전자를 얻은 물체는 (-) 대전체

2. 정전기 유도

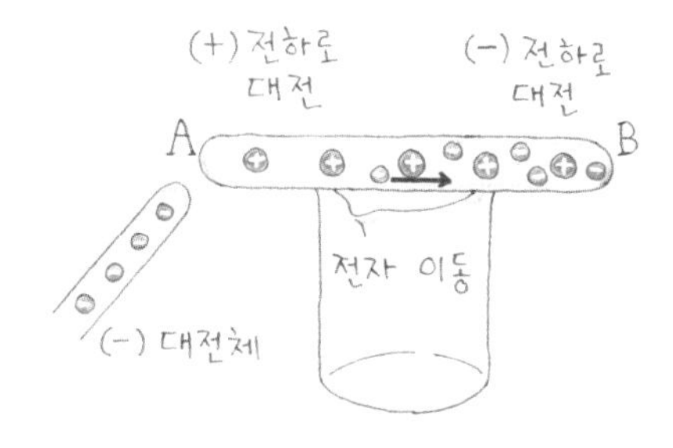

3. 검전기 정전기 유도 현상 이용

개념 풀이

1. 혜식이는 엄마의 옷장에서 털로 된 옷을 발견하고 그 옷에 안경을 닦았더니 마찰전기가 발생했습니다. 털로 된 옷이 (+) 전하를 띠었다면 안경은 무슨 전하를 띠었을까요?

[답 : 물리 1–5]

2. 다음 그림과 같이 대전되지 않은 금속막대에 (–)로 대전된 플라스틱 막대를 가까이 가져갔어요. 금속 막대 안에서 전자는 어떤 방향으로 이동했을까요?

[답 : 물리 1–6]

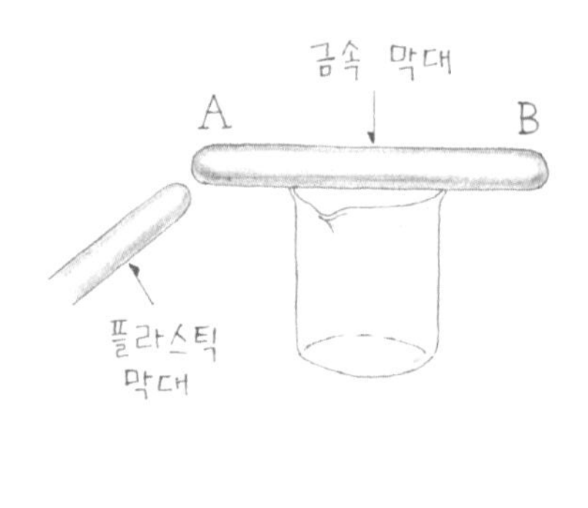

2. 물처럼 전기처럼, 전류와 전압

몇 년 전에 엘쌤이 사는 아파트에 정전이 되었는데, 엘리베이터도 안 되고 주차장에도 전기가 안 들어와서 완전 어두웠던 경험을 했습니다. 빛이 하나도 없어서 정말 무서웠답니다. 이럴 때 전기를 발생시키는 '피카추'가 같이 있으면 좋았을 텐데 말이에요. 날마다 '피카, 피카' 라고 대화하던 노란색 아이 알죠? 이렇게 귀여운 아이는 아니지만 실제로 전기를 발생시키는 동물도 있습니다. 바로 전기뱀장어입니다. 전기뱀장어는 머리에서 꼬리 쪽으로 수많은 전지가 직렬로 연결되어 있는 것과 같아요. 더 정확히 말하면 전기뱀장어 몸에는 전기를 만들고 받는 세포가 있는데, 이 세포가 전기뱀장어 몸에 수천 개가 직렬로 연결되어 있고 이런 연결이 또 병렬로 연결되어 있다고 합니다. 그래서 보통 350~850V(볼트 : 전압의 단위)의 전기를 만들어낸다고 합니다. 가정에서 쓰는 전압이 거의 220V인데 그보다 훨씬 높다니, 전기뱀장어만 있다면 어디서든 걱정 없겠어요.

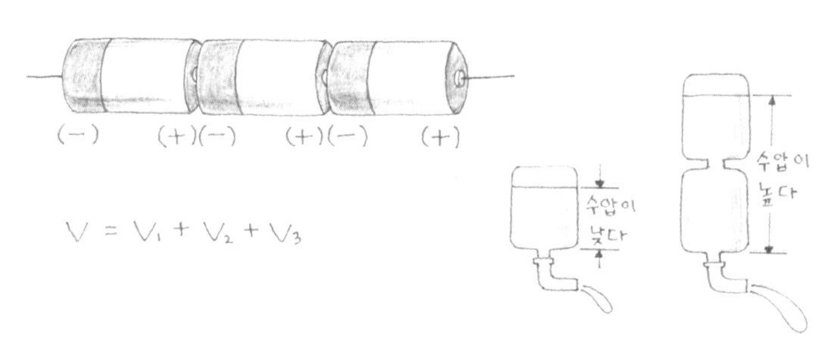

전지의 직렬 연결

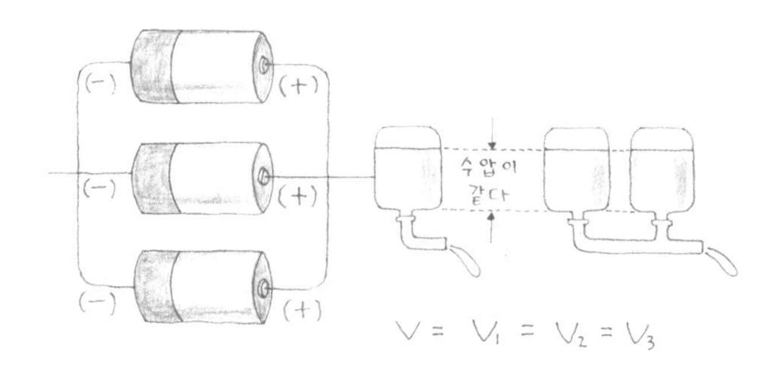

전지의 병렬 연결

전지를 직렬로 연결한 것과 병렬로 연결한 경우를 비교해 보면, 전지를 직렬 연결한 것은 물통을 위로 길게 연결한 것과 같아서 수압이 높아지고 물줄기가 세지는 것과 같습니다. 전압이 높아진다는 것이지요.

전지를 병렬연결한 것은 물통을 옆으로 여러 개 연결한 것과 같아서 수압은 그대로인데 물이 오랫동안 나올 수 있는 것처럼 전압은 전지 하나와 같은데 오래 사용할 수 있습니다.

가정에서 사용하는 전기기구는 모두 병렬연결입니다. 그러니 모든 전기기구에 같은 전압이 걸리는 것이지요. TV 전원을 꺼도 컴퓨터는 사용할 수 있는 것처럼 병렬연결을 하면 전기기구를 각각 따로 켜고 끌 수 있습니다. 물이 흐르듯이 전류도 흐른다고 표현하는데, 보이지도 않는 전류가 어떻게 물처럼 흐른다는 걸까요. 전류가 흐른다는 것은 도선(전선) 속의 전자가 이동하는 것을 말합니다.

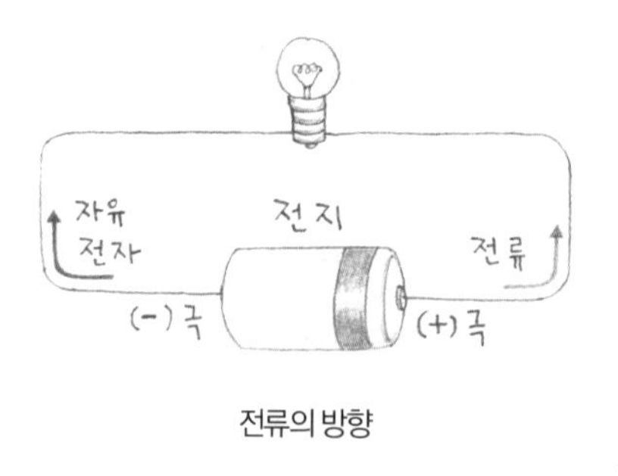

전류의 방향

전기 회로에서 전자는 전지의 (-)극 → 전지의 (+)극으로 이동합니다. 이때 전류는 전지의 (+)극 → 전지의 (-)극으로 흐른다고 말해요.

가만, 좀 이상하죠? 전자가 이동하는 게 전류가 흐르는 것인데, 둘의 이동 방향이 반대잖아요. 맞아요. 과거에 과학자들이 전류의 방향을 결정한 후 자유전자의 존재가 밝혀졌습니다. 그래도 전류의 방향을 바꾸지 않기로 결정했거든요. 그래서 둘의 방향이 반대입니다.

소풍 장소가 워터파크라면 어떨까요? 튜브 타고 물에 둥둥 떠다니면서 놀면 좋잖아요. 사실 저는 물을 무서워해서 튜브 타고 떠다닐 때도 무섭긴 하더군요. 튜브타고 떠다니는 우리 반 학생이 30명이 있을 때 그 길이 하나의 길이라면, 그 안에 장애물이 몇 개 있어도 우리 반 학생 30명은 어느 곳에서나 똑같겠죠. 장애물 한 번 지나서 우리 반 학생이 절반으로 줄어드는건 아니니까요. 그것처럼 전류가 흐를 때도 장애물인 전구를 통과하기 전이나 통과 후나 전류의 세기는 모두 같습니다.

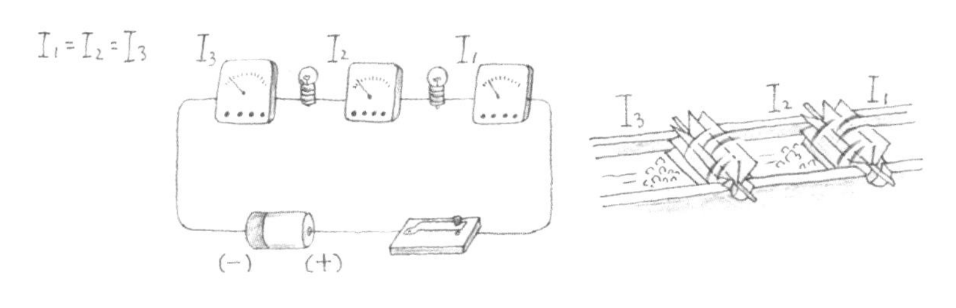

직렬 연결과 전류

만약에 길이 두 갈래라면, 30명 중에 어떤 친구는 오른쪽 길로, 다른 친구는 왼쪽 길로 가겠죠. 그래도 모이면 모두 30명 그대로 일겁니다.

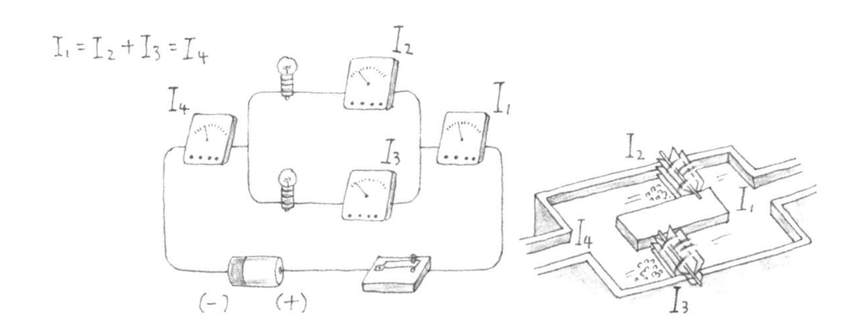

병렬 연결과 전류

이것처럼 전류도 서로 다른 길로 나눠져 흐른다 해도 나눠지기 전의 전류의 합과 나중의 전류의 합은 같습니다.

전압의 단위가 볼트(V)인 것처럼 전류에도 단위가 있습니다. 바로 'A' 라고 쓰고, '암페어'라고 읽습니다.

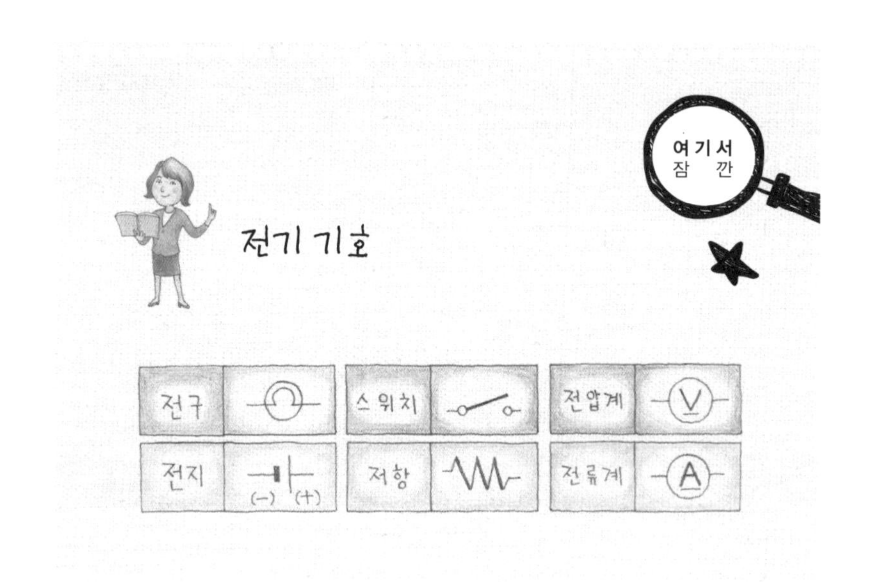

3. 장애물 경기, 전기저항과 옴의 법칙

요즘의 소풍은 어떤 장소에 가서 각자 알아서 노는 시간이 많죠. 엘쌤이 어릴 적엔 소풍 가면 친구들과 게임도 하고 장기자랑도 하는 등 그런 추억들을 많이 만들었었는데 말이에요. 그러면 이번엔 소풍 가서 우리 게임을 좀 해볼까요?

〈게임의 룰〉

1. 릴레이식
2. 먼저 달린 친구가 다음 번 달릴 친구에게 바통을 주는 대신 힘껏 밀어 준다.
3. 달리면서 중간 중간 장애물을 두고 사람이 통을 빨리 지나가 결승점에 도착하면 우승!!

이 장애물 통을 지날 때 빨리 통과하려면 짧은 통과 긴 통 중에 어떤 통을 선택할래요? 길이가 짧은 게 쉽게 통과하게 되겠죠?

길이와 저항

다음 통은 좁은 통과 넓은 통이 있습니다. 어떤 통을 선택해야 빨리 통과할까요? 당연히 넓은 통이겠죠?

단면적과 저항

우리가 쉽게 통과하는 것처럼 전류도 잘 흐르려면 장애물이 쉬운 게 좋습니다. 이 장애물의 정도가 바로 전기저항입니다. 전기저항은 전류의 흐름을 방해하는 정도를 말하는데, 물질의 길이가 길수록 전기저항이 커지고, 단면적이 좁을수록 전기저항이 커져서 결국 전류가 잘 흐르지 못합니다.

전기저항도 단위가 있습니다. 단위로는 'Ω'로 쓰고 '옴'으로 읽습니다. '옴'도 과학자 할아버지 이름입니다. 아마도 여러분도 새로운 단위를 만들어내면 여러분의 이름을 이용해서 만들 수 있답니다. 예를 들어 '1에리 = 10혜식' 이런 형태로 말이에요.

전류가 흐르는 길에 방해가 되는 것은 모두 저항입니다. 꼬마전구도 저항이 될 수 있고, 도선도 저항이 될 수 있고, 니크롬선도 저항이 됩니다. 중요한건 저항이 작아야 전류가 잘 흐를 거라는 것을 기억해주세요.

그렇다면 우리가 우승하기 위해서는 먼저 달려가 저항이 작은 통을 선택하고, 친구가 세게 달릴 수 있도록 힘껏 밀어주는 게 중요하겠죠? 이것을 전류의 세기로 바꿔 말하면 전류가 세게 흐르려면 저항은 작게, 전압은(밀어주는 힘에 비유) 크게 해야 한다는 거예요. 이것을 아까 말한 옴이라는 과학자 할아버지가 법칙으로 정리했습니다.

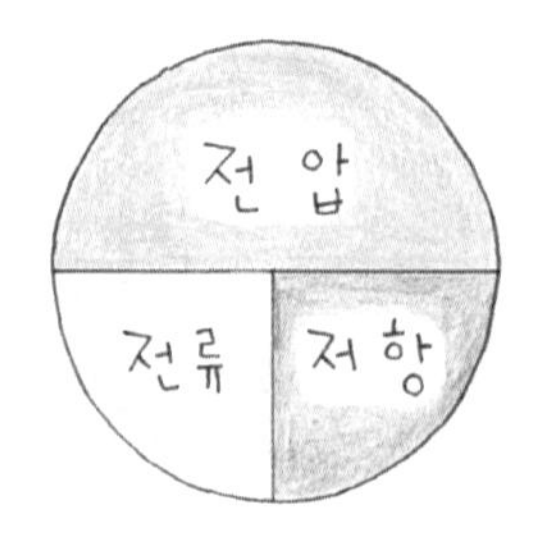

$$전압 = 전류 \times 저항$$

$$전류 = \frac{전압}{저항}$$

옴의법칙

옴의 법칙은 전류의 세기는 전압에 비례하고(전압이 커지면 전류가 커지고), 저항에 반비례한다(저항이 커지면 전류가 약해진다)는 내용이에요. 예를 들어 저항이 2Ω, 전압이 4V일 때 흐르는 전류는 옴의 법칙 공식을 이용해서 전류 = $\frac{전압}{저항}$ = $\frac{4V}{2\Omega}$ = 2A 입니다.

하나 더 해볼까요?

3Ω의 저항에 4A의 전류가 흐른다면 이때 전압을 어떻게 구할까요?

전압 = 전류 × 저항 = 4A × 3Ω = 12V입니다. 쉽죠? 잠시 후 핵심문제에서 더 풀어보기로 하겠습니다.

시험에 정말 잘 나오는 법칙과 계산, 엘쌤이 다시 정리할테니 꼭 기억하세요!

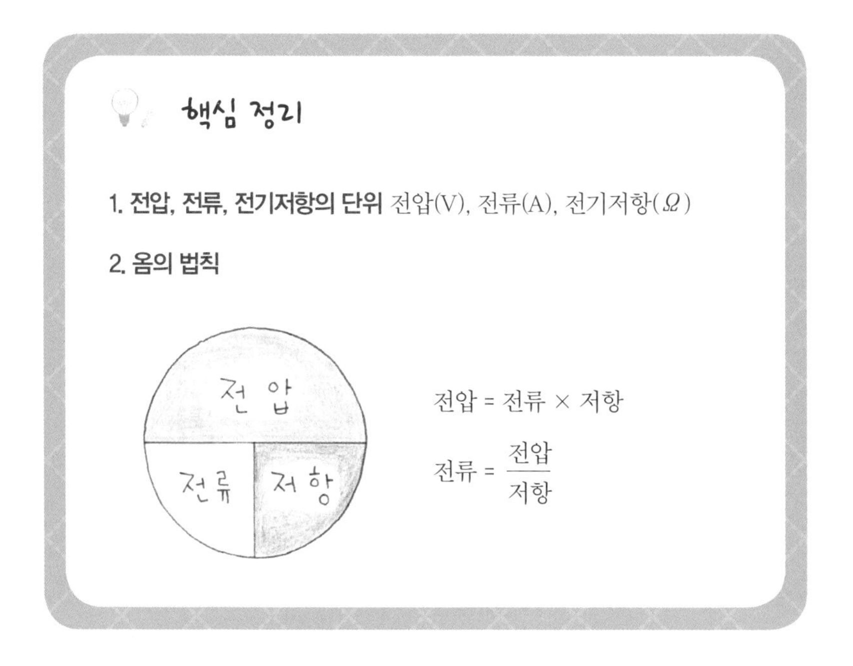

핵심 정리

1. 전압, 전류, 전기저항의 단위 전압(V), 전류(A), 전기저항(Ω)

2. 옴의 법칙

전압 = 전류 × 저항

전류 = $\frac{전압}{저항}$

개념 풀이

1. 다음과 같은 회로가 있습니다. 이때 전압은 몇 V일까요?

[답 : 물리 1-7]

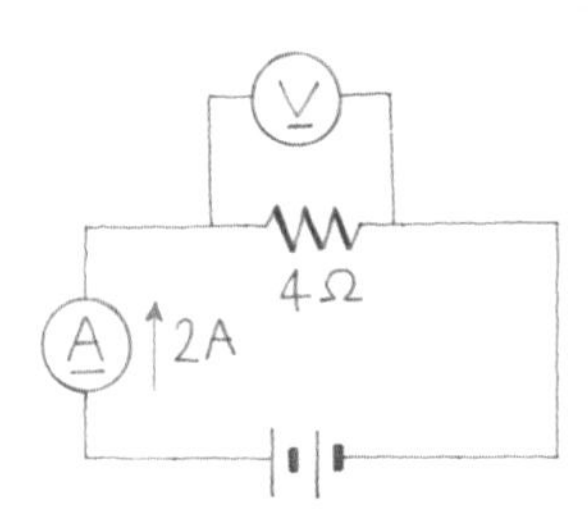

2. 다음과 같은 표에서 ㉠~㉢을 바르게 계산해 보세요. 단위도 정확히 써 주세요.

[답 : 물리 1-8]

전기회로	전압	전류	전기저항
(1)	3V	㉠	2Ω
(2)	30V	5A	㉡
(3)	㉢	20A	0.5Ω

개념 풀이

3. 다음은 전압이 1.5V인 전지 4개를 여러 방법으로 연결해 본 그림입니다. 이 중 가장 높은 전압을 내는 방법과 가장 오래 사용할 수 있는 방법의 기호를 순서대로 써 보세요.

[답 : 물리 1-9]

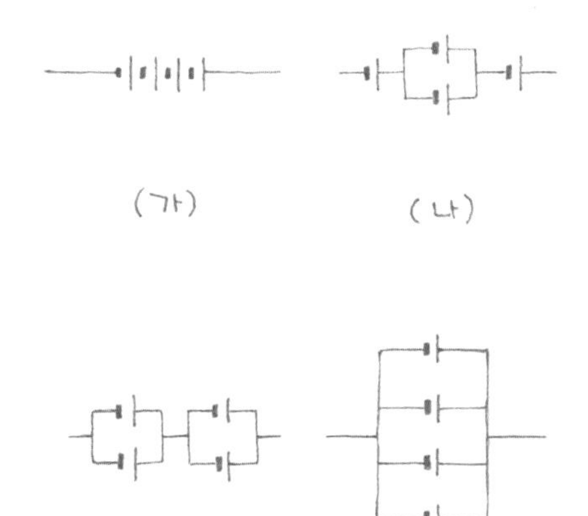

3 왼손? 아니! 오른손이 필요해! 자기장

"교통카드는 어떤 원리로 동작할까요?"

소풍 장소가 어디냐에 따라 교통수단이 달라지겠지만 무인도가 아닌 이상은 버스나 지하철을 타고 갈 예정입니다. 그러니까 교통카드를 준비해주세요. 언젠가는 자기부상열차를 타고 소풍을 갈 수도 있겠지만 말이에요. 자, 이제 마지막으로 자기장에 대해 알아보겠습니다. 이때 필요한 준비물은 바로 오른손입니다. 오른손이 어떻게 필요할지 볼까요?

1. N극은 S극을 좋아해, 자기장

초등학교 다닐 때 철가루로 실험을 하는 장난 많이 쳤었죠. 자석 주위에 철가루를 붙여놓고 누가 더 길게 붙이나 내기도 하고요.

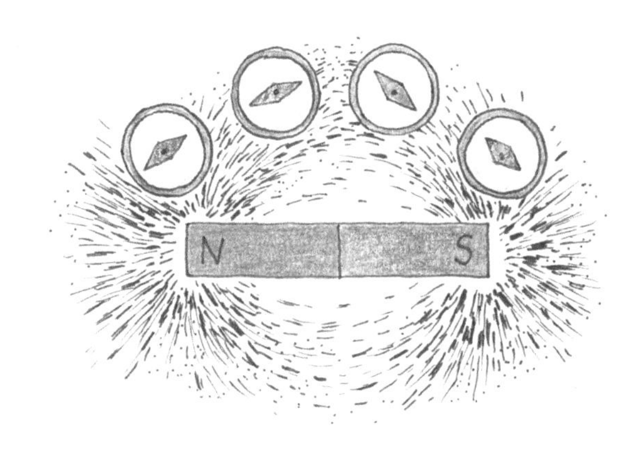

막대자석 주위에 철가루가 뿌려진 모양을 본 적 있죠? 조금 징그럽기도 하지만 매우 규칙적인 모양이기도 합니다. 철가루는 자석 양 끝에 가장 많이 붙어 있고 자석의 가운데 부분에 적게 붙어 있는데, 이것은 자기장 때문입니다. 자기장은 자석 주위에 자기력이 작용하는 공간을 말하는데 자석의 양 극(N극과 S극)에 가까울수록 자기장이 세고, 멀어질수록 약해집니다.

앞에 배운 빛이나 전류처럼 자기장도 눈에 보이지 않습니다. 그래서 우리는 나침반을 이용해서 그 방향을 찾습니다. 막대자석 주위에 나침반을 두면 이 나침반의 N극이 규칙적으로 가리키는 방향이 생기는데 이게 자기장의 방향이에요. 자기장의 방향이면서 자기력선의 방향이기도 하답니다.

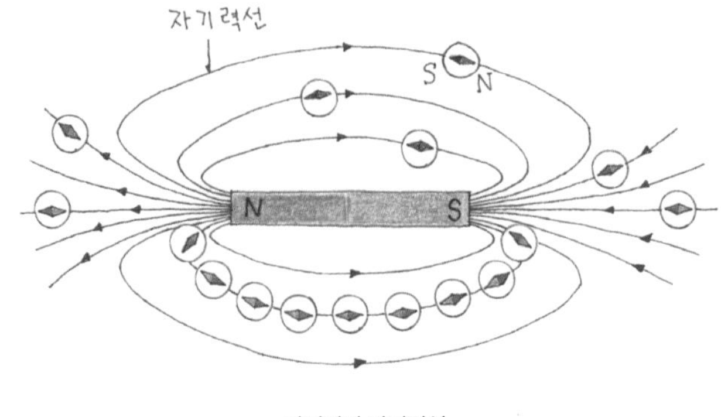

자기장과 자기력선

자기력선은 눈에는 보이지 않는 자기장의 모양을 알기 쉽게 선으로 그린 건데, 자석의 N극에서 나와서 자석의 S극으로 들어가는 선이 그려지고, 끊어지거나 만나게 그리면 안됩니다. 자기장이 센 곳일수록 자기력선이 촘촘하게 그려지는 것도 볼 수 있답니다.

지구에 커다란 자석이 있는 것처럼 자기장이 있는데 이 자석의 S극이 북쪽에, N극이 남쪽에 있습니다. 그래서 나침반의 N극이 항상 북쪽을 가리킨답니다. 나침반의 N극은 자석의 S극을 좋아하니까요.

2. 자석 없이 자기장이? 전류에 의한 자기장

자석 주위에 자기장이 생기는 건 철가루를 뿌려도 알 수 있는 사실인데 자석 없이도 자기장이 생길까요? 덴마크의 과학자 외르스테드 할아버지는 전류에 관한 연구를 하다가 우연히 전류가 흐르는 도선 주위의 나침반이 갑자기 움직이는 걸 봤습니다. 분명 전류가 흐르기 전에 나침반의 N극이 북쪽을 가리키고 있었는데 전류가 흐르니까 N극이 움직이더라는 겁니다.

'오호, 요거 신기하네.' 했나 봐요. 사실 그 전에는 전류랑 자기장은 별개라고 생각했거든요. 이 발견으로 전류가 흘러 자기장이 생길 수 있다는 걸 알게 된거죠. 그러니 여러분들도 늘 주위를 잘 살펴보세요. 혹시라도 위대한 발견을 하게 될지 모르잖아요.

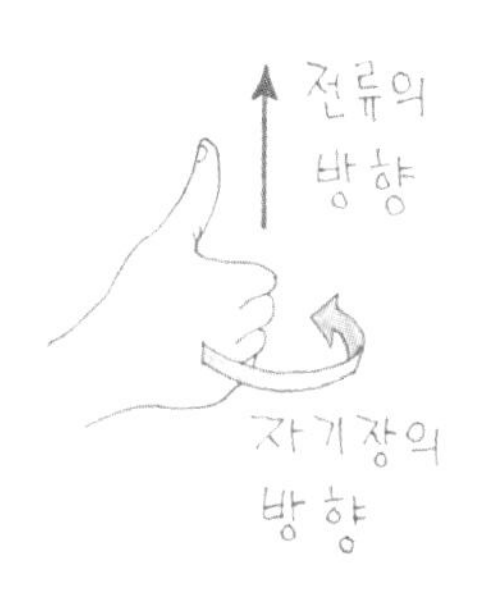

이렇게 전류가 직선으로 흐를 때 자기장의 방향을 따져보니 동심원 방향으로 생기더래요. 이 방향을 프랑스 물리학자 앙페르 할아버지는 오른쪽으로 돌리는 나사 모양으로 설명해서 '오른 나사의 법칙'이라고 이름을 붙였습니다.

자, 이제 오른손을 들고 준비해요. 엄지를 전류의 방향으로 향하게 하고 나머지 네 손가락으로 도선을 감아쥐면 네 손가락이 가리키는 방향이 바로 자기장의 방향입니다.

즉, 네 손가락이 가리키는 방향으로 나침반의 N극이 가리킨다는 겁니다.

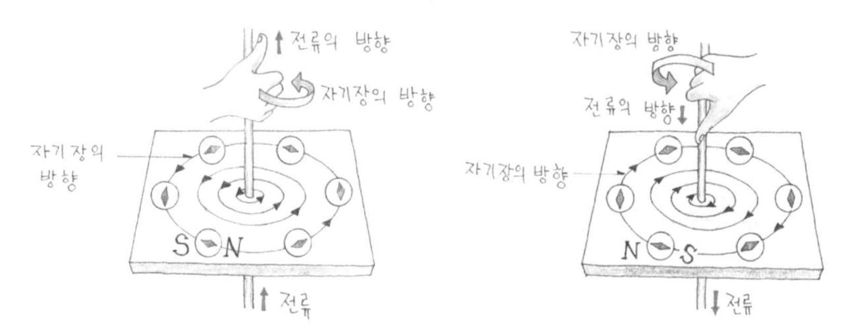

직선 도선 주위의 자기장

도선이 늘 직선은 아니겠죠. 휘어지기도 할 것이고 꺾이기도 할 겁니다. 도선이 만일 꼬불꼬불하면 어떻게 하냐고요? 그것도 방법이 있습니다.

이렇게 꼬불꼬불 감아진 도선을 코일 도선(솔레노이드)라고 부르는데 이걸 길게 폈다고 생각해서 각각의 지점에서 오른나사의 법칙으로 따져보면 되겠지만, 너무 복잡하겠죠? 우리 친구들이 너무 복잡해서 도망갈까 봐 과학자들이 규칙성을 따져서 쉽게 정리를 해줬어요. 이때도 오른손을 준비합니다. 이때는 직선과 반대로 네 손가락을 전류의 방향으로 감싸 쥐고 나면 가리키는 엄지의 방향이 자기장의 방향, 즉 나침반의 N극이 가리키는 방향이 됩니다.

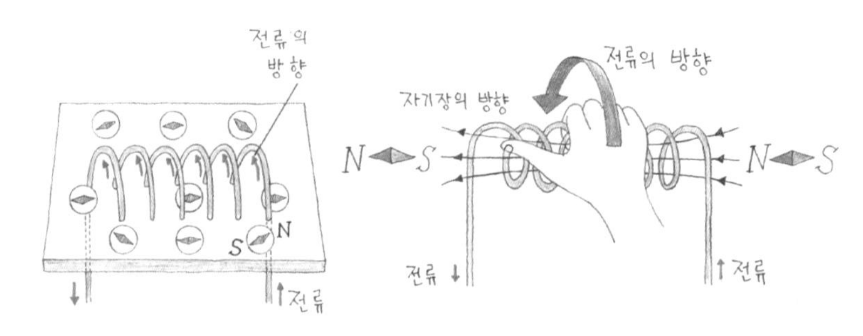

코일 주위 자기장

3. 자기장을 합쳐 파샤! 자기장에서 전류가 받는 힘

소풍장소로 갈 때 지하철에서 음악 들으면서 가려면 이어폰이 필요하겠어요. 이어폰이나 스피커 해체해본 경험 있나요? 엘쌤은 어릴 적 오빠가 스피커 해체해 놓은걸 본적이 있답니다. 스피커 안의 구조를 보면 자석이 있고 그 안에 코일 도선이 있어요. 자석 때문에 생기는 자기장과 코일 도선 주위에 생기는 자기장이 합쳐져서 힘이 생겨나는 거예요. 그 힘으로 진동판을 진동시켜 소리가 나게 하는 것이랍니다.

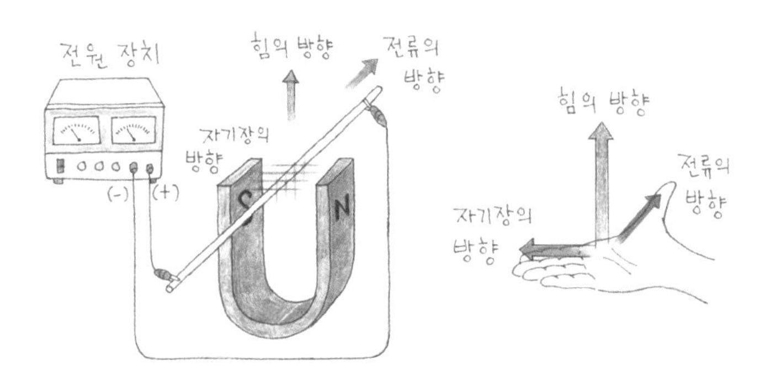

자기장에서 전류가 받는 힘의 방향

이번에도 오른손으로 그 힘의 방향을 알아낼 수 있습니다. 역시 오른손의 엄지가 전류의 방향, 네 손가락은 자기장의 방향을 가리킵니다. 오른손의 엄지를 전류의 방향으로 가리키고, 네 손가락을 N극에서 S극을 향하도록 뻗어주면 이때 손바닥이 가리키는 방향이 힘을 받는 방향입니다. 위 그림에서는 도선이 위쪽으로 힘을 받아 움직이게 된답니다.

선풍기, 청소기, 세탁기, 스피커 등은 자기장에서 전류가 받는 이러한 힘을 이용해서 만든 것입니다.

4. 전류와 자기장의 밀당, 전자기 유도

자, 이제 어느 정도 준비는 끝난 것 같습니다. 내일 장소랑 시간표를 보내줄게요. 교통카드는 챙겼나요? 지하철을 타고 갈거라서 교통카드가 필요해요. 친구랑 시간도 맞춰서 만나서 가기로 해요. 완전 기대되죠?

사람 마음이 신기한 게 친구가 너무 친한척하며 다가오면 좀 싫고, 그 친구가 나를 멀리하면 그 친구를 잡고 싶죠. 우리는 모두 마음속에 은근한 밀당을 하고 싶어 하는 심리가 있나봅니다. 교통카드의 원리도 그렇습니다.

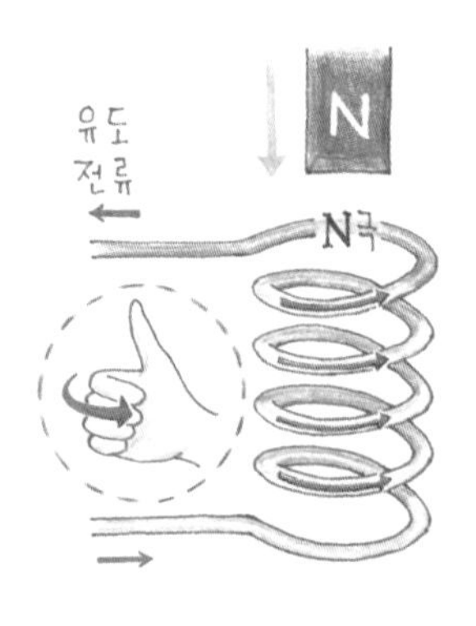

N극 가까이 할 때:
N극이 가까이 오면 밀어내는 방향으로 전류 발생

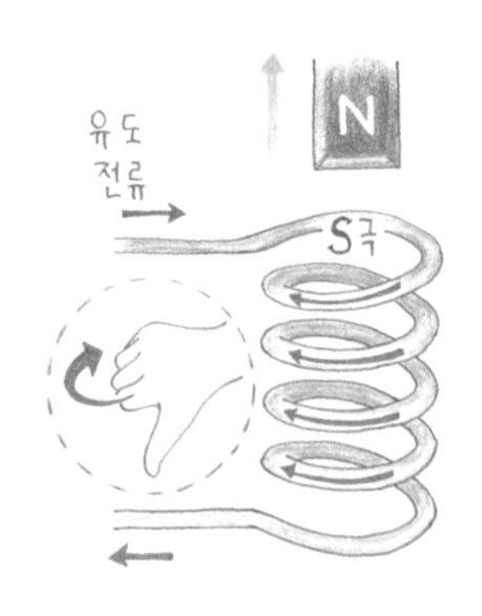

N극 멀리 할 때:
N극이 멀어지면 잡는 방향으로 전류 발생

카드가 지하철역의 출입구에 있는 단말기에 가까이 가면 오지 말라고 밀어내는 방향으로 순간 전류가 발생하게 됩니다. 그러면서 요금이 계산된답니다.

핵심 정리

1. 자기장의 방향 나침반의 N극이 가리키는 방향

2. 직선 전류 자기장

오른손 엄지 : 전류의 방향, 네 손가락 : 자기장의 방향

3. 코일 도선 자기장

오른손 네 손가락 : 전류의 방향, 엄지 : 자기장의 방향

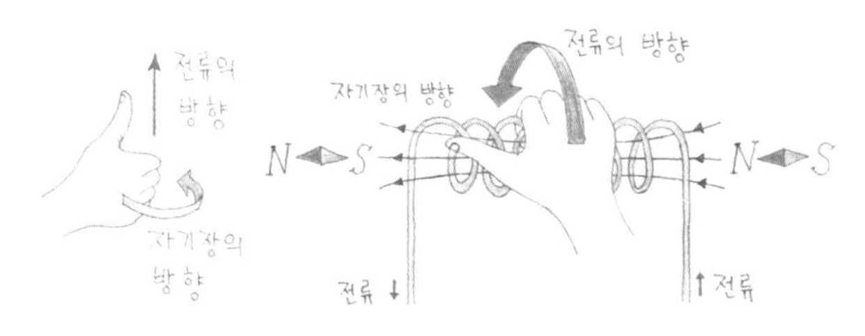

직선 전류 자기장 코일 도선 자기장

4. 자기장에서 전류가 흐르는 도선이 받는 힘

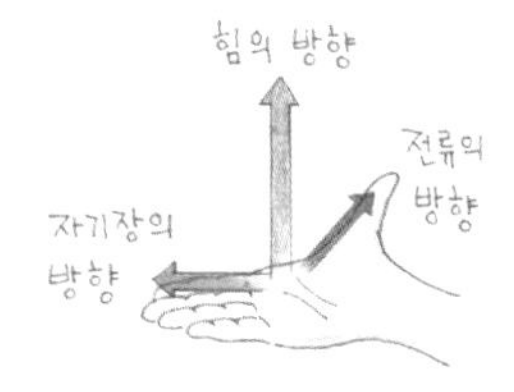

개념 풀이

1. 다음 그림에서처럼 화살표 방향으로 전류가 흐르는 직선 도선 위에 나침반을 놓았습니다. 이 도선 위에 나침반의 N극이 가리키는 방향은 어느 쪽일까요? (단, 지구 자기장의 영향으로 N극이 북쪽을 가리키는 것은 무시합니다.)

[답 : 물리 1-10]

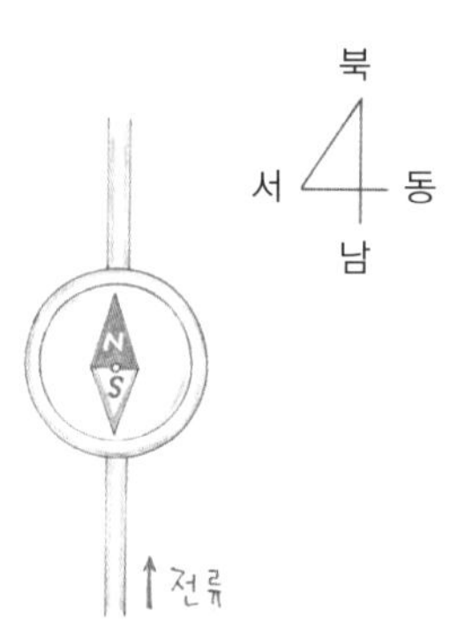

2. 그림처럼 코일의 한쪽 끝에 나침반을 뒀습니다. 이때 전류를 흐르게 하면 나침반의 N극이 가리키는 방향은 어디일까요? (단, 지구 자기장의 영향으로 N극이 북쪽을 가리키는 것은 무시합니다.)

[답 : 물리 1-11]

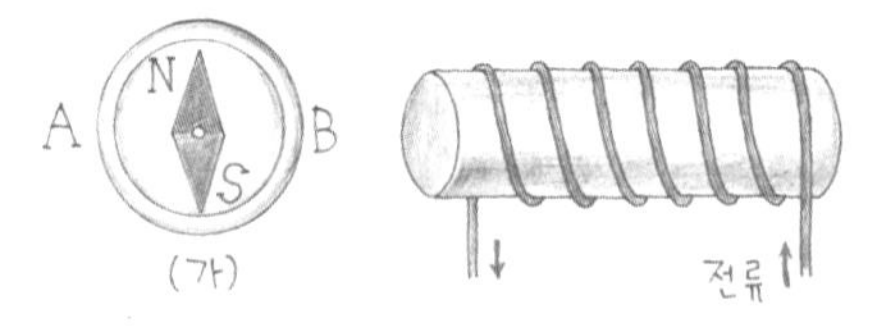

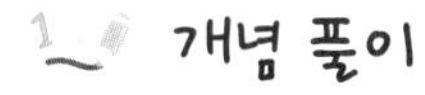

개념 풀이

3. 다음 그림처럼 말굽 자석 사이 도선에 전류를 흐르게 하면 이 도선은 힘을 받게 될 텐데, 어느 쪽으로 힘을 받게 될까요?

[답 : 물리 1-12]

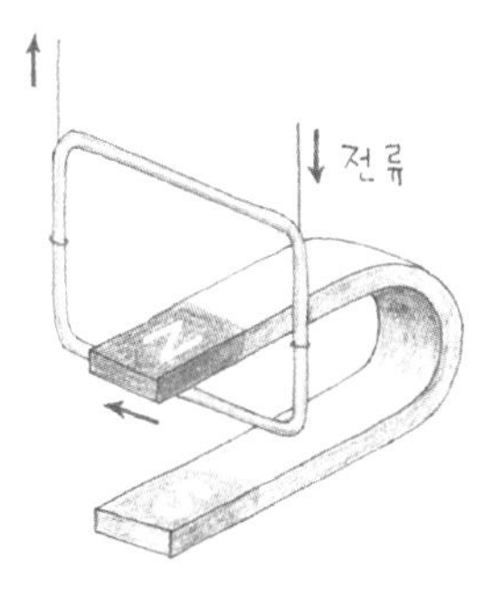

자, 이제 우리는 내일 소풍을 위해서 준비를 다 마쳤어요. 내일 만나서 신나게 노는 것만 남았네요. 소풍 장소는 어디일까요? 궁금하죠? 두둥두둥! 내일 만나요!

놀이공원이 학교?
힘과 운동!

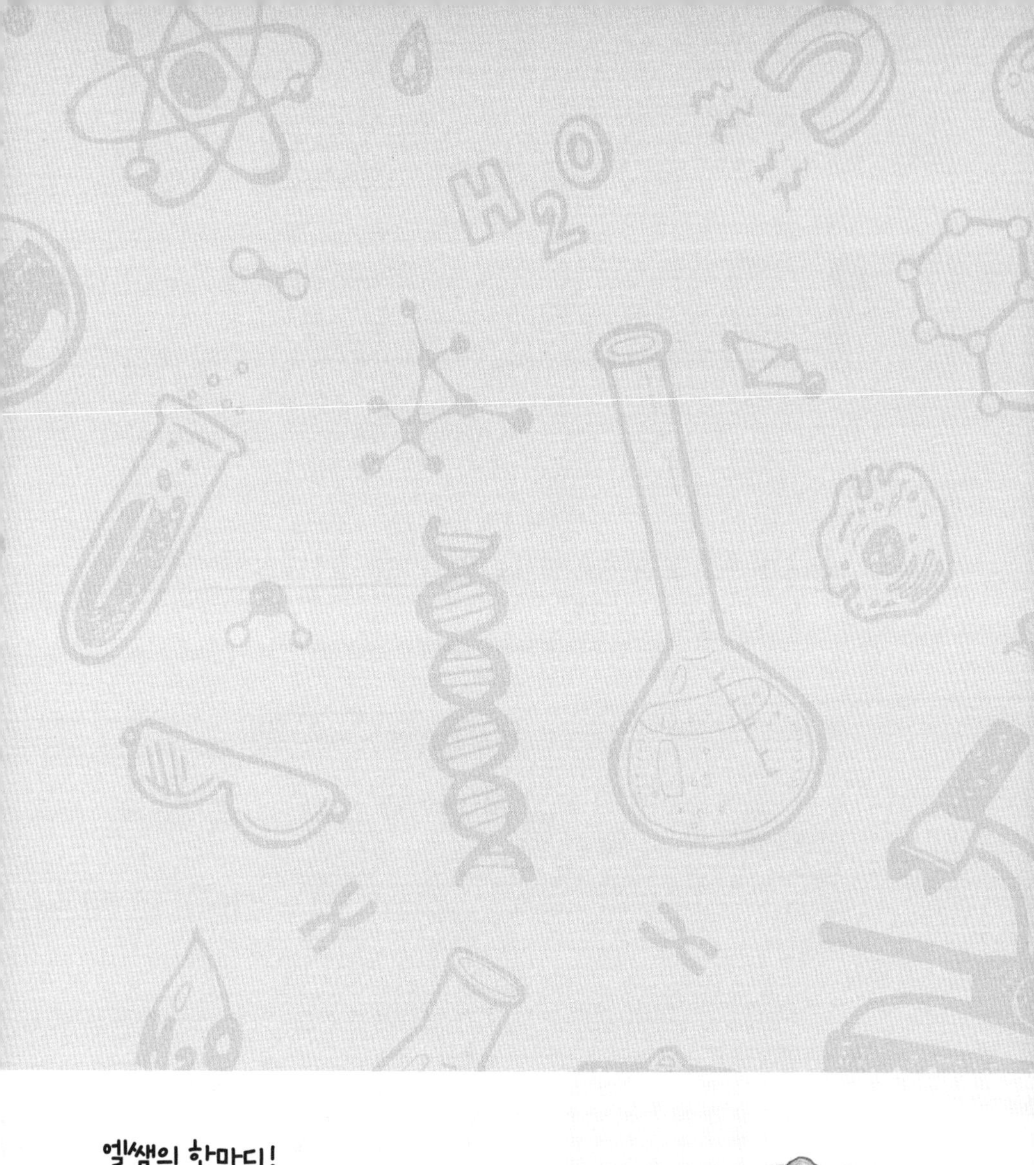

얼쌤의 한마디!

초등학교 때부터 물체의 빠르기를 구하는 건 많이 해왔을 거예요.
또 에너지 전환에 대한 내용도 공부했었죠. 이번에는
속력 계산과 함께 놀이공원에 있는 여러 놀이기구를
보면서 속력의 변화, 에너지의 전환과 운동의 종류를
연결해서 공부해보도록 하겠습니다.

1 숫자로 해결한다 - 힘, 일, 속력

오늘 소풍 갈 장소는 어디일까요? 바로 놀이공원입니다. 생각만해도 신나죠?

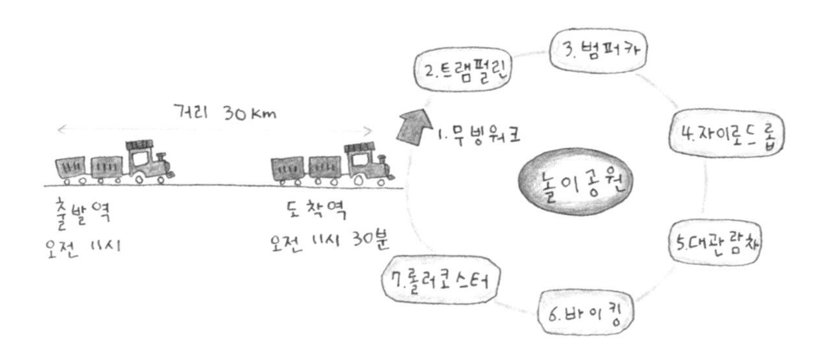

우선 정해진 시간에 늦지 않게 만나서 함께 지하철을 타고 출발할 거예요. 놀이공원까지는 30분 정도 걸릴 예정입니다. 도착할 때 되면 미션도 줄테니 그 때까지 공부 잘 해보기로 합시다. 과학에서는 정확히 딱 떨어지거나 약속하는 걸 좋아해요. 그래서 눈에 보이지 않는 건 눈에 보이는 것처럼 약속하고, 정확히 딱 떨어지는 것만 과학적인 것으로 공부할 때가 많습니다. 숫자로 해결하는 과학적인 내용, 배워볼까요. 출발!

1. 안 보이는건 보이는 것처럼, 힘!

지하철을 타기 위해 많은 사람들이 걸어가고 있습니다. 스마트폰을 보면서 걷는 사람, 조용히 전화통화 하면서 걷는 사람, 짐을 들고 걷는 사람 등. 우리는 소풍가는 중이니 두근두근 설레는 맘으로 걸어 다니겠죠? 그런데 앞에 할머니 한분이 너무 무거운 박스를 옮기고 계셔서 친구와 함께 도와드리기로 했어요. 친구와 같이 옮겨드리는데, 친구가 자꾸 '너 힘 왜 안 주는 거야?, 손만 대고 있는 거 아니야?'라며 의심하네요. 억울하게도 보여줄 수도 없고 어쩌죠? 맞아요, 힘은 보이지 않아요. 그래서 우리는 힘을 알기 쉽게 화살표로 나타냅니다.

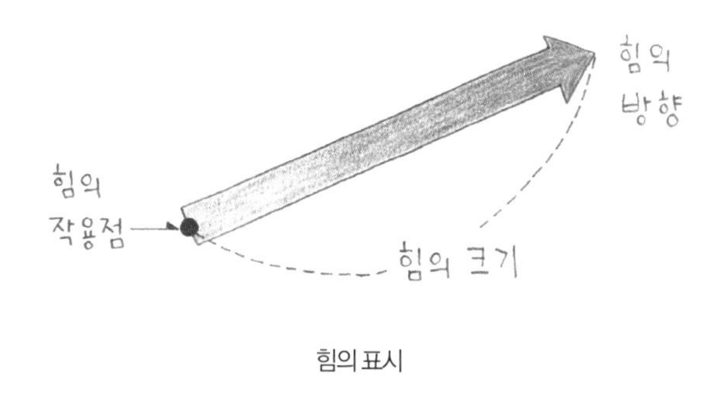

힘의 표시

힘을 주기 시작한 작용점은 화살표의 끝으로, 힘의 크기는 화살표의 길이로, 힘의 방향은 화살표가 나타내는 방향이 됩니다.

힘이 얼만큼인지 보여주려면 용수철저울을 이용해서 측정하면 되는데, 바닥에서 물체를 당길 때의 힘을 측정하면 마찰력이, 물체를 들어 올릴 때의 힘을 측정하면 무게를 알 수 있습니다.

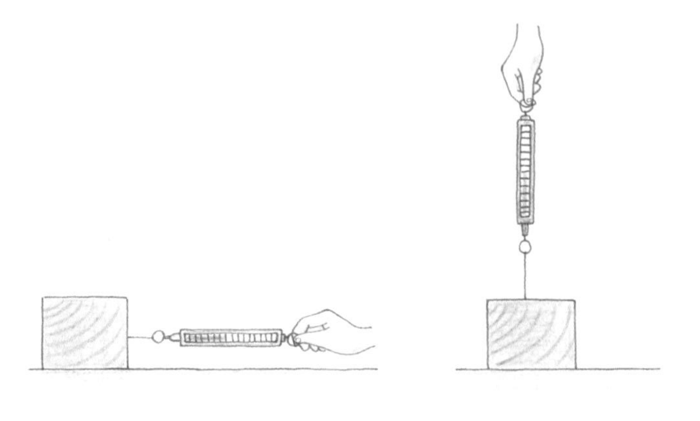

힘의 측정

이렇게 측정해서 읽은 값에는 힘의 단위인 'N'을 붙이고 '뉴턴'이라고 읽습니다. 여러분들도 잘 알겠지만 영국의 과학자 뉴턴 할아버지는 나무에서 떨어지는 사과를 보고 중력의 작용을 알아내고, 물리학의 기초를 세우는데 큰 공을 세웠습니다. 그래서 뉴턴을 단위로 사용합니다.

질량과 무게의 차이를 알고 있나요?

구분	질량	무게
정의	물체의 고유한 양	물체에 작용하는 중력의 크기
단위	g(그램), kg(킬로그램)	kg중, N(뉴턴)
측정기구	양팔저울, 윗접시저울	용수철저울, 체중계
특징	측정 장소에 따라 변하지 않고 일정함	측정 장소에 따라 변함

위 표에서 알 수 있듯이 무게는 중력이 있을 때 말할 수 있는 값입니다. 중력이 없으면 무게도 없고, 중력이 약한 곳에서는 무게도 줄어듭니다. 그렇기 때문에 무게와 힘의 단위가 N(뉴턴)으로 같이 사용하기도 합니다.

여러분의 몸무게는 몇 kg이에요? 진짜로 물어보려는 건 아니고 이때 '몇 kg이에요?'라는 표현은 정확히는 옳지 않습니다. '몇 kg중이에요?'라고 묻는 게 맞습니다. kg이라는 것은 무게의 단위가 아닌 질량의 단위거든요. 일상생활에서는 보통 편하게 kg과 kg중을 함께 쓰긴 하지만 과학적으로는 구분하는 게 맞겠지요. 만약 '몇 N이다'라고 말하고 싶다면 9.8을 곱하면 된답니다.

질량 1kg 물체 → 무게 1kg중 = 9.8N

2. 백지장도 맞들면 낫다, 힘의 합력

할머니의 짐을 들어드리는데 다른 친구들도 모두 달라붙어서 함께 들면 진짜 힘이 하나도 안들겠죠? 맞아요, 백지장도 맞들면 낫다는 속담도 있잖아요.

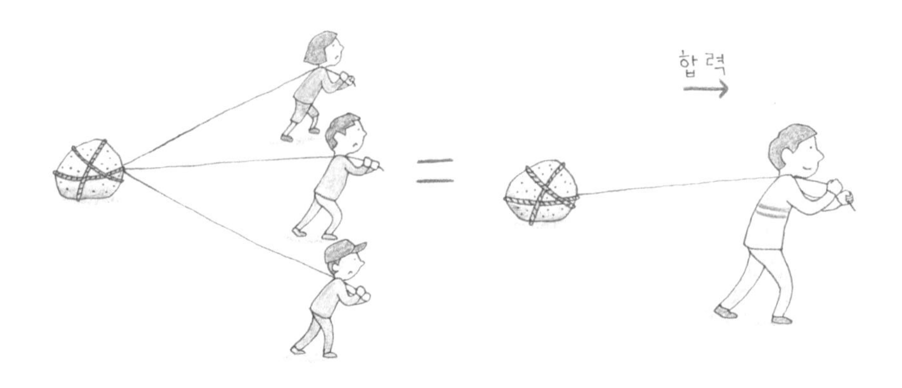

이렇게 많은 사람들이 다같이 힘을 주면 물체에 작용하는 힘을 표시할 때 화살표가 많이 그려질 수밖에 없겠죠. 그래서 여러 힘을 하나의 힘으로 간단히 표시하기 위해서 힘을 합치는데 이것을 '합력(알짜힘)'을 구한다 또는 '힘을 합성한다'라고 합니다.

그러니 친구와 같은 방향으로 물체에 힘을 주는건 두 힘을 더해서 합력을 구할 수 있습니다.

같은 방향으로 두 힘을 줄 때의 합력

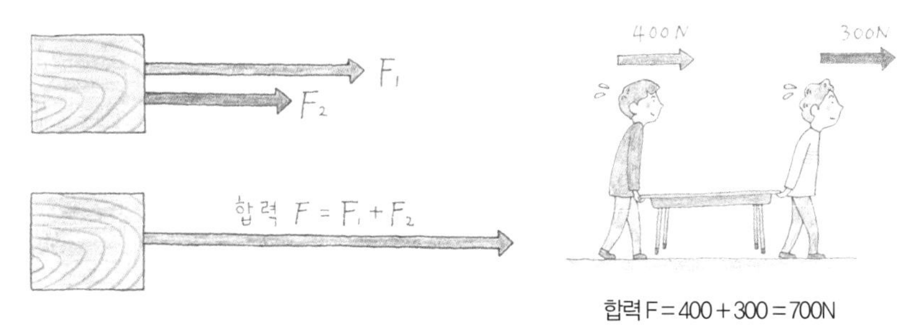

합력 F = 400 + 300 = 700N

만약 이때, 친구가 장난친다고 반대쪽으로 힘을 주면 어떻게 될까요?

큰 힘을 주는 친구 쪽으로 물체가 이동하겠죠. 에이, 이런 일로 친구와의 우정이 깨지면 안되니까 화내지 말자구요.

반대 방향으로 두 힘을 줄 때의 합력

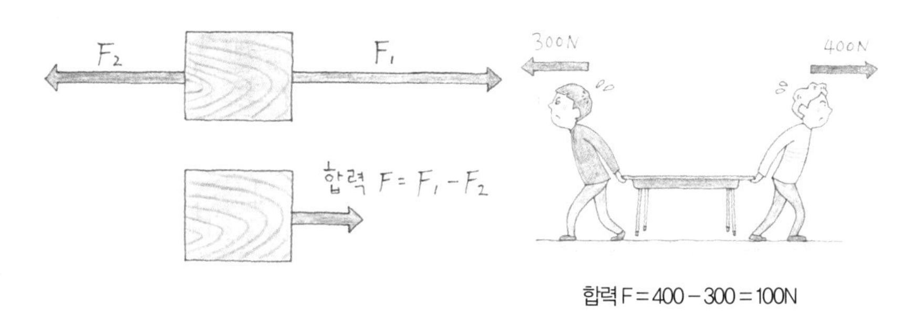

합력 F = 400 − 300 = 100N

나란하지 않은 힘의 합력 구하기

힘을 늘 더하거나 빼기만 하냐구요? 아닙니다. 더하거나 빼지 않고 그림을 그려서 측정해야 하는 경우도 있어요. 이때 평행사변형법을 이용한답니다.

두 힘의 방향이 완전히 같지도 않고, 완전히 반대도 아닌 경우(힘이 나란하지 않게 작용하는 경우라고 말해요)에는 단순히 더하거나 빼지 않고 평행사변형을 그려서 대각선을 표시하면 이 대각선이 합력이 되는 것입니다.

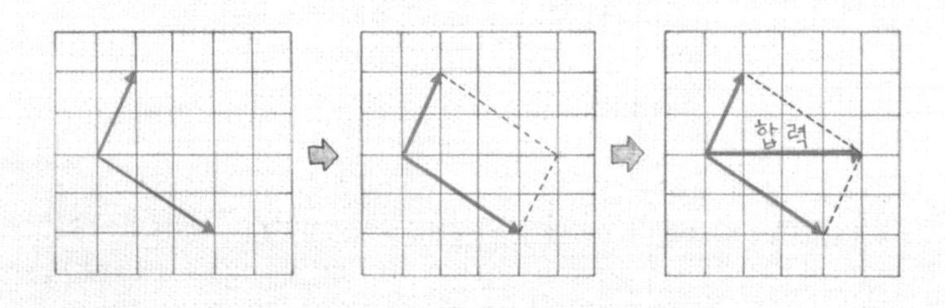

자, 이제 중요한 내용들을 다시 정리해보고, 미션을 수행하도록 하겠습니다. 미션은 바로 개념풀이!

핵심 정리

1. 힘의 표시

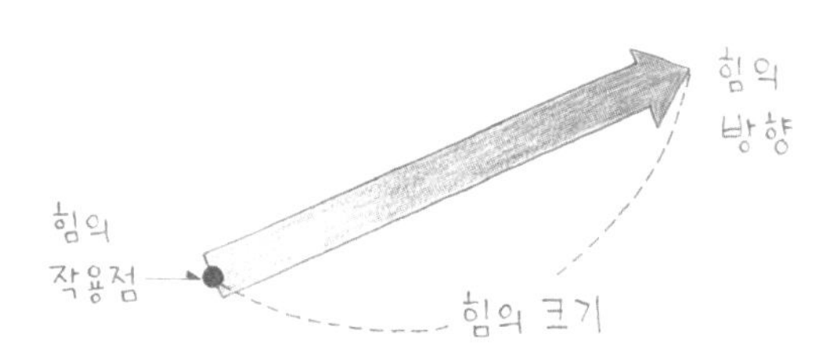

2. 힘의 단위 N(뉴턴)

3. 같은 방향으로 작용하는 두 힘의 합성 $F=F_1+F_2$ (더합니다.)

4. 반대 방향으로 작용하는 두 힘의 합성

$F=F_1-F_2$ (큰 힘에서 작은 힘을 뺍니다.)

개념 풀이

1. 다음 그림은 어떤 힘을 화살표로 나타낸 것입니다. 모눈종이 한 칸이 10N이라고 할 때, 이 힘의 방향과 크기를 써 보세요.

[답 : 물리 2-1]

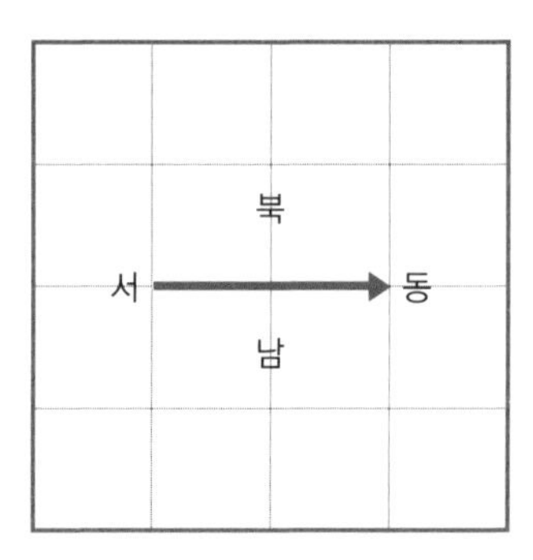

2. 다음 그림처럼 아버지와 동생이 책상을 옮깁니다. 이때 힘이 그림과 같다면, 각각의 합력의 크기를 구해보고 방향과 함께 써볼까요?

[답 : 물리 2-2]

(가) (나)

3. “모든 일이 일이 아니야?” 과학적인 일

할머니의 짐을 지하철 자리 위로 올려드리기로 했습니다. 가벼운 물체였으면 혼자서도 올려드릴 수 있었을 텐데 무거운 물체여서 여러 명이 함께 힘을 줘서 올렸습니다. 아주 착해요. 이럴 땐 박수를 아끼면 안 되겠죠? ‘짝짝짝’ 여러분들은 대단히 의미 있는 일을 했습니다. 게다가 과학적인 일을 하기도 했습니다. 무슨 말이냐구요?

지하철 안에서는 다양한 일을 하는 사람들을 볼 수 있습니다. 책 읽는 사람들, 음악 듣는 사람들, 가방 메고 서 있는 사람들, 친구와 대화 나누는 사람들처럼 말입니다. 그런데 이 사람들은 모두 과학에서 말하는 일을 하지는 않았거든요. 무슨 차이일까요?

과학에서 말하는 ‘일’이란 힘과 힘의 방향으로 이동한 거리가 있어야 하고, 그 곱으로 나타냅니다.

일의 양(J) = 힘의 크기(N)×힘의 방향으로 이동한 거리(m)

일의 단위는 ‘J’라 쓰고 ‘줄’이라 읽습니다. 역시, 과학자 할아버지 줄의 이름을 딴 겁니다.

우리가 할머니 짐을 위로 올려드릴 때 그 물체의 무게만큼 힘을 줬고, 또 물체를 위로 올렸으니 그만큼 높이인 이동거리도 있어요. 그러니 우리는 과학에서 말하는 일을 한 겁니다.

만약 20N의 물체를 1m 만큼 높이 올렸다라고 한다면 일의 양 = 20N×1m = 20J라고 계산할 수 있어요.

또, 물체를 밀거나 당겨서 역시 힘과 이동거리가 있다면, 이때도 일을 계산할 수 있습니다.

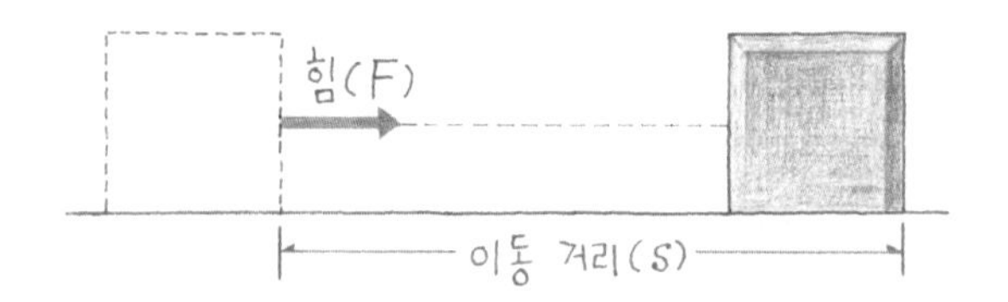

이때 당기는 힘의 크기가 10N, 이동거리가 10m 라고 한다면,
일의 양 = 10N×10m = 100J 이 되는 것이지요.

아무리 큰 힘을 주어도 이동거리가 없다면, 과학에서는 일을 했다고 하지 않습니다.

책을 읽는 것도 엄청 대단히 좋은 일이긴 하지만 과학에서 말하는 일은 아닙니다. 그 힘과 이동거리를 측정하는 것이 과학적이라고 말하긴 어렵거든요. 여러분은 지하철 타고 가면서 어떤 과학적인 일과 또 과학적이지 않은 일을 했는지 생각해보면 재밌겠죠?

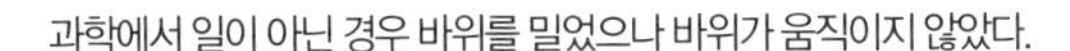

과학에서 일이 아닌 경우 바위를 밀었으나 바위가 움직이지 않았다.

가방을 메고 서 있었다.

4. 단위통일! – 속력

자, 이렇게 이런 저런 얘기 하다 보니까 벌써 도착했습니다. 출발역에서부터 도착역까지 이렇게 빨리 오다니, 대체 지하철의 속력은 얼마나 빠른 걸까요? 우리가 만약 뛰어오거나 걸어왔다면 이 시간 안에 못 왔을 겁니다. 이왕 말 나온 김에 지하철의 속력을 구해볼까요?

$$\text{속력} = \frac{\text{이동 거리}}{\text{걸린 시간}} \quad (\text{단위 : km/h, m/s})$$

걸린 시간이 30분 = $\frac{1}{2}$시간(hour) = 0.5h, 거리는 30km니까 지하철의 속력 = $\frac{30\text{km}}{0.5\text{h}}$ = 60km/h가 됩니다. 자동차를 타고 갈 때 속력계에 100km/h로 표시된다면 1시간(1h)에 100km를 이동한다는 뜻입니다. 빛의 속력은 30만km/s라는데, 이 말은 1초에 30만km를 간다는 뜻이지요.

치타는 100m를 6초 정도에 달릴 수 있다고 하고, 100m 육상경기 세계신기록 선수인 자메이카의 우사인 볼트는 100m를 9.58초에 들어왔다고 해요. 대단하죠? 여러분은 어느 정도로 빨라요? 속력이 빠르다는 것은 같은 거리를 빠른 시간 내에 움직인 것을 뜻합니다. 그래서 100m의 같은 거리에 시간을 기록해서 비교하지요. 만약, 에리와 혜식이가 100m 달리기를 해서 늦은 사람이 떡볶이를 사기로 내기를 했다고 해봅시다. 에리는 20초, 혜식이는 25초 걸렸답니다. 그러면

$$\text{에리의 속력} = \frac{100\text{m}}{20\text{초}} = 5\text{m/S(미터 매 초)}$$

$$\text{혜식이의 속력} = \frac{100\text{m}}{25\text{초}} = 4\text{m/S(미터 매 초)}$$

가 되니까 에리가 이겼습니다. 혜식이가 떡볶이를 사야겠네요.

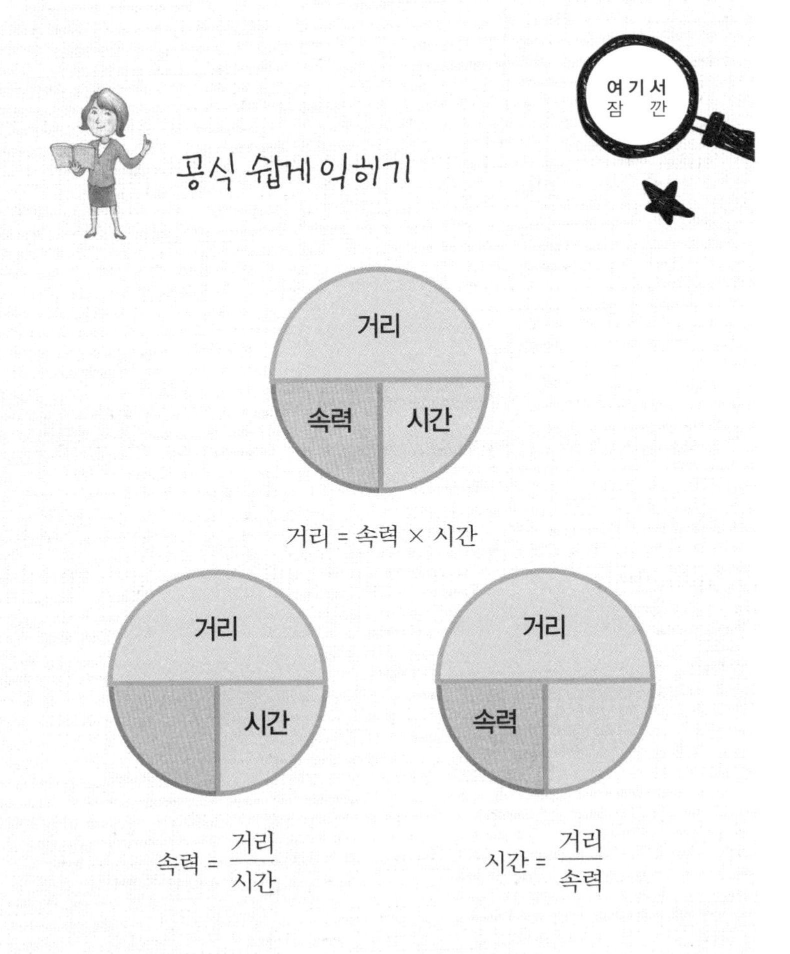

속력을 알고 싶을 때! 속력을 가리면 공식이 짜잔!

시간을 알고 싶을 때! 시간을 가리면 공식이 짜잔!

예) 5m/s로 달리는 자전거가 2분 동안 움직였다면 얼마만큼 이동했을까요? 거리 = 속력 × 시간 = 5m/s × 120s = 600m입니다. 단, 속력의 단위가 m/s라면 시간의 단위도 초(s)로 맞춰서 계산해야 합니다. 단 · 위 · 통 · 일을 잊지 마세요!

핵심 정리

1. 일의 계산 : 일 = 힘 × 이동거리

2. 속력 = $\frac{거리}{시간}$, 거리 = 속력 × 시간, 시간 = $\frac{거리}{속력}$

개념 풀이

1. 에리는 그림과 같이 바닥에 있는 상자를 1m 책상 위로 들어 올리려고 합니다. 이 때 에리가 한 일의 양은 얼마일까요?

[답 : 물리 2-3]

개념 풀이

2. 혜식이는 냉장고를 옮기고 싶어서 최선을 다해 50N의 힘을 가해 밀었지만 냉장고는 움직이지 않았습니다. 이때 혜식이가 한 일의 양은 얼마일까요?

[답 : 물리 2-4]

3. 자전거를 타고 2m/s의 속력으로 100m 거리의 서점으로 가려고 합니다. 시간이 얼마나 걸렸을까요?

[답 : 물리 2-5]

2 놀이공원에서 공부하자. 여러 가지 운동에 대해!

"원리를 알고 놀이기구를 타면, 더 재밌다는 거지?"

자, 여기는 '놀이공원'입니다. 지금부터 지도에 나온 순서대로 하나씩 놀이기구를 타보도록 해요. 각각의 놀이기구들은 어떤 과학적 원리를 가지고 있는지 알고 타면 더 재미있겠죠?

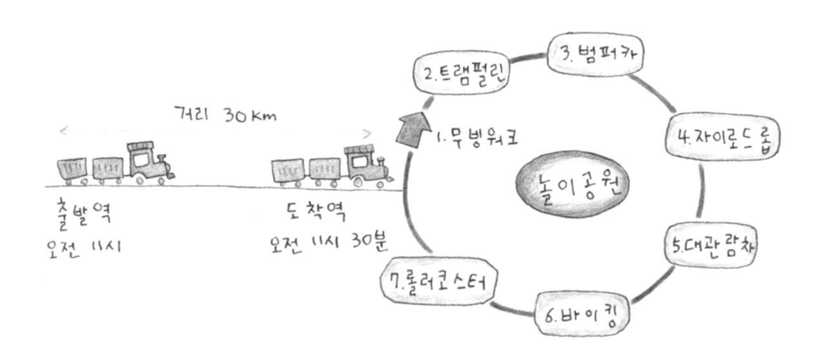

1. 무엇이 무엇이 똑같을까, 등속직선운동 – 무빙워크

리프트

무빙워크

에스컬레이터

컨베이어 밸트

놀이기구를 타러 가는 중간 우리를 쉽게 이동시켜주는 무빙워크가 있습니다. 무빙워크는 지하철역이나 공항, 마트에서도 볼 수 있죠. 이 무빙워크를 타면 점점 빨라지지도 않고 점점 느려지지도 않고 늘 한결 같은 속력으로 우리를 운반시켜주는데, 스키장의 리프트도 그렇고, 에스컬레이터, 모노레일, 컨베이어 밸트도 같은 원리입니다.

이렇게 속력이 일정하게 한 방향으로 움직이는 운동을 우리는 '등속직선운동'이라고 합니다.

무빙워크는 무엇이 똑같을까요? 처음부터 끝까지 속력이 같습니다.

등속직선운동

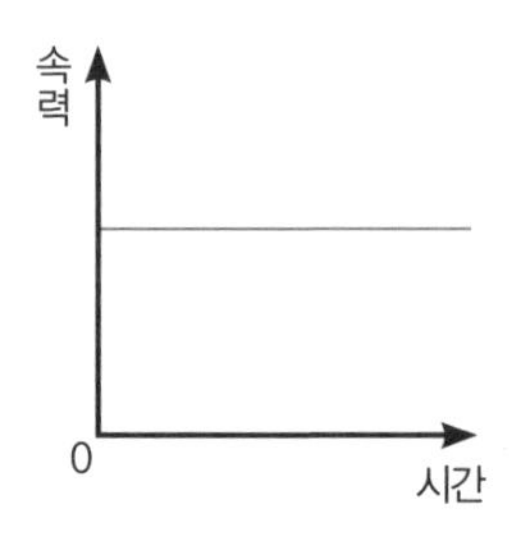

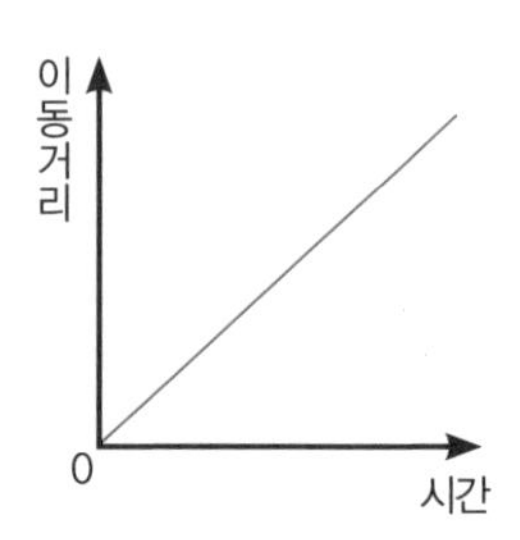

속력이 처음부터 끝까지 똑같습니다.

무빙워크를 타면 이동을 시켜주니까 이동거리는 점점 늘어나게 됩니다.

2. 과감해야 커지는 탄성력 – 트램펄린

무빙워크를 타고 움직이니 트램펄린이 있습니다. 여기서 몇 번 방방 뛰어주고 워밍업하고 가야겠죠. 소심하게 살짝 앉으면 재미없고 과감하게 힘을 주면서 앉으면 우리 몸도 더 많이 올라갑니다. 이 트램펄린처럼 물체가 모양이 변했다가 다시 되돌아가려는 힘이 바로 탄성력입니다. 고무줄, 컴퓨터 자판, 양궁 등은 모두 탄성력을 이용했지요.

탄성력의 방향은 힘을 가한 방향과 반대 방향입니다. 용수철을 오른쪽으로 당기는 방향으로 힘을 가했다면 탄성력의 방향은 왼쪽 방향이 된답니다.

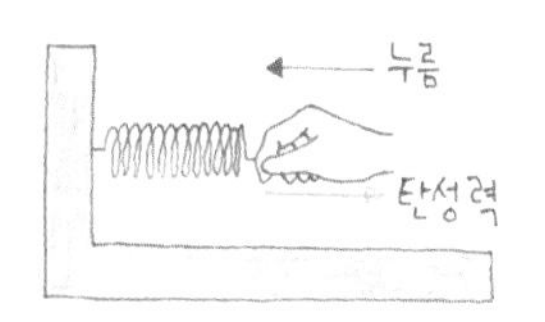

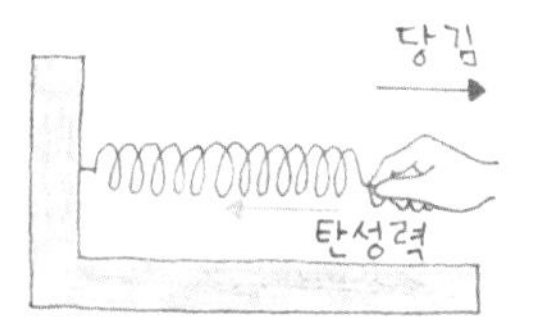

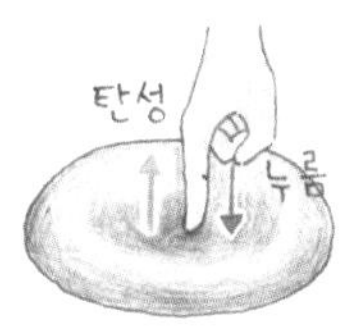

탄성력의 방향

트램펄린을 재밌게 타려면 몸이 위로 방방 떠야겠죠? 그럴려면 트램펄린을 많이 눌러줘야 합니다. 탄성력은 물체가 모양이 많이 변하면 커지거든요. 그러니 떨어지듯 큰 힘으로 앉았다가 위로 슝 뜰 수 있도록 과감하게 타 보세요. 대신 안전하게요.

3. 고집을 부려요. 관성 – 범퍼카

범퍼카를 부릉부릉 운전하다가 앞차와 충돌하면 몸이 앞으로 출렁! 꺄르르! 자꾸 충돌하는 재미로 타는게 바로 범퍼카죠. 실제로 자동차를 타고 가다가도 갑자기 멈추면 몸이 앞으로 출렁입니다. 사실 엘쌤은 1년 전에 크게 교통사고가 났어요. 차가 언덕을 올라가다가 내려오는 앞차와 쾅! 박았어요. 그때 에어백이 터져서 엘쌤의 머리를 보호해줬지요. 지금 생각해도 아찔하네요. 안전벨트랑 에어백이 없었으면 큰일이 날 뻔했습니다. 차가 앞으로 가다가 갑자기 멈추면 몸이 앞으로 쏠리고 그때 몸을 보호하기 위해 에어백이나 안전벨트가 있는 겁니다.

이렇게 물체가 처음 운동하던 대로 운동을 유지하려는 성질이 바로 '관성'입니다. 우리가 100m 달

리기 하고 정지선에 바로 멈추지 못하고 조금 더 가야 멈추는 것처럼 말입니다. 마치 고집 부리는 것 같지요. 운동을 하고 있는 물체는 계속 운동을 하려고 하고, 멈춰있던 물체는 계속 멈춰 있으려고 하니까요. 생각해보면 관성은 고집스런 성질입니다. 운동을 고집하고, 정지 상태를 고집하고요. 이 관성에 대해 과학자 뉴턴 할아버지가 발견한 법칙이 바로 '관성의 법칙'입니다. 많이들 들어봤죠?

관성

버스가 급정지하면
손잡이와 몸이 앞으로 쏠린다.

버스가 급출발하면
손잡이와 몸이 뒤로 쏠린다.

핵심 정리

1. 등속직선운동 속력과 방향이 일정한 운동
무빙워크, 에스컬레이터, 모노레일 등

2. 관성
- 버스가 갑자기 출발할 때 몸이 뒤로 쏠립니다.
- 버스가 갑자기 정지할 때 몸이 앞으로 쏠립니다.

3. 탄성력 변형된 물체가 원래의 모양으로 되돌아가려는 힘
탄성력의 방향 – 변형된 방향과 반대 방향

개념 풀이

1. 도착역에서 내린 우리는 에스컬레이터를 타고 밖으로 나왔습니다. 에스컬레이터의 운동을 아래 그래프에 그려보세요.

[답 : 물리 2-6]

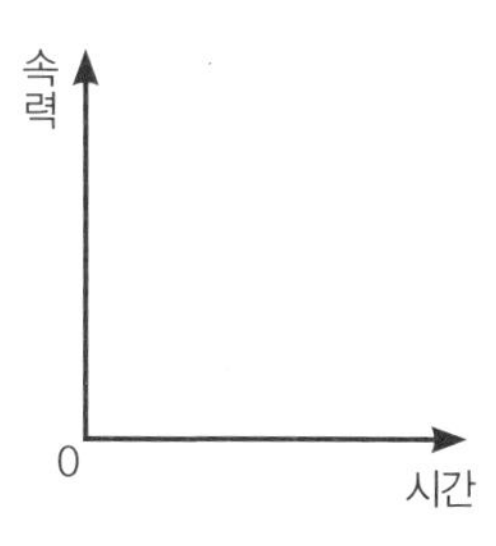

에스컬레이터는 등속 직선 운동이라서 속력은 처음부터 끝까지 갑니다.

2. 에리는 얼마 전 사고가 났을 때 차가 갑자기 정지하면서 앞차와 부딪혔고 이때 안전벨트가 없었으면 위험했을 거라고 했답니다. 차가 갑자기 정지할 때의 모습은 어느 것일까요?

[답 : 물리 2-7]

(가) (나)

4. 아래, 아래라서 빨라지는 낙하운동 – 자이로드롭

자, 이번엔 좀 더 스릴 있는 자이로드롭을 타러 가볼까요? 위로 올라갈 때는 경치를 천천히 둘러보세요. 순간 정지했다가 아래로 슉, 꺄악, 자이로드롭을 타고 내려올 땐 속력이 엄청 붙어서 엄청 빨라지는 게 느껴지죠?

자이로드롭처럼 물체가 아래로 떨어지는 운동을 낙하운동이라고 하는데, 이 낙하운동은 운동 방향이 아래쪽인데 거기에 힘의 방향(중력)도 아래쪽이라 속력이 더 빨라지게 됩니다. 속력이 느려지는 운동도 있냐고요? 그럼요. 운동장을 굴러가는 공은 운동 방향은 앞쪽인데 마찰력 때문에 반대 방향으로 힘을 받으니까 점점 느려져 나중에 멈추게 되잖아요. 이 경우가 속력이 느려지는 운동이에요.

구 분	속력이 일정하게 증가하는 운동	속력이 일정하게 감소하는 운동
예	•낙하하는 물체 •빗면을 굴러 내려가는 공	•운동장을 구르는 공 •연직 위로 공이 올라갈 때
속력 그래프	(그래프: 세로축 속력, 가로축 시간, 원점 0) 속력이 점점 빨라지죠.	(그래프: 세로축 속력, 가로축 시간, 원점 0) 속력이 점점 느려져서 어느 순간 0이 되죠.

이제 자이로드롭의 원리를 파악했으니까 앞으로 더 재미있게 탈 수 있겠죠?

쇠공과 깃털을 동시에 떨어뜨리면 무엇이 먼저 떨어질까요?

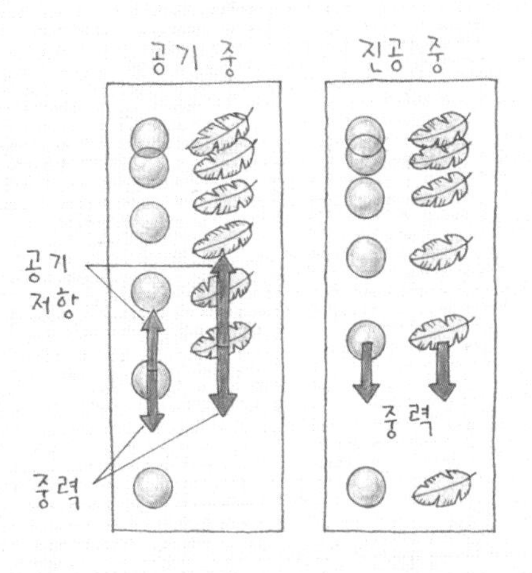

당연히 쇠공이겠죠? 왜 그럴까요? 무거워서? 깃털이 나중에 떨어지는 것은 깃털이 공기와의 접촉 면적이 더 커서 공기 저항을 크게 받기 때문입니다. 실제로 쇠공과 깃털을 진공 상태에서 떨어뜨리면 거의 동시에 떨어진답니다. 결국, 낙하하는 물체의 속력 변화는 질량에 관계없다는 것을 알 수 있습니다.

5. 빙글빙글 원운동 – 대관람차

자, 다음 코스는 대관람차, 회전목마입니다. 둘의 공통점은 연인들의 코스, 어린이들의 코스, 또 여유롭게 쉬어가는 코스입니다. 대관람차 타고 주위 경치를 보면서 잠깐 쉬어가기로 해요. 대관람차나 회전목마를 보면 빙글빙글 돌아가잖아요. 이렇게 빙글빙글 돌아가는 운동은 원을 그린다 해서 원운동이라고 합니다. 거기에 속력도 일정하면 등속원운동입니다.

이런 원운동은 중심에서 당기는 힘이 없으면 둥글게 운동을 할 수가 없습니다. 만약 길다란 줄 끝에 공을 매달고 줄을 잡아 돌리면 우리도 원운동을 만들 수 있는데, 줄을 잡아 돌리는 힘이 없으면? 빙글빙글 원을 그릴 수 없죠.

등속원운동에서 원의 중심에서 물체를 당기는 힘을 구심력이라고 합니다.

이 등속원운동을 하던 물체에 구심력이 없어지면(줄이 끊어지면) 물체는 원의 접선 방향으로 날아가게 됩니다. 그래서 물체의 운동 방향과 물체에 작용하는 힘의 방향은 수직 방향입니다.

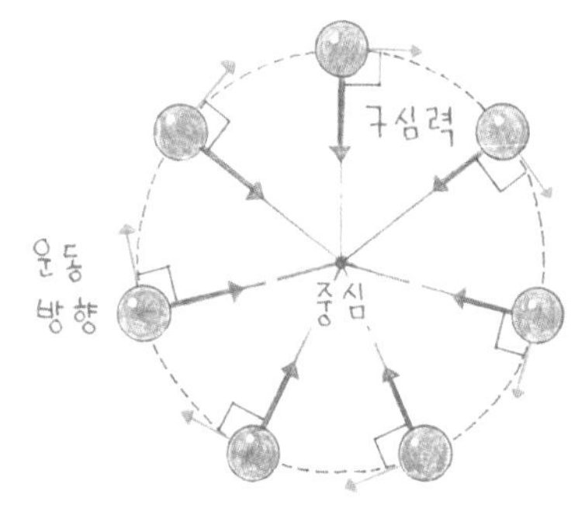

등속원운동

아, 인공위성도 등속원운동을 합니다. 이때의 구심력은 바로 중력이 구심력이 되는 거에요.

6. 왔다 갔다, 손 머리 위로! 진자운동 – 바이킹

바이킹은 뭐니뭐니해도 왔다 갔다 하는 어지러움이 재미죠! 이렇게 왔다 갔다 하는 운동을 진자운동이라고 합니다. 속력도 계속해서 변하고, 아래로 내려갔다 위로 올라갔다 하니까 운동 방향도 계속해서 변합니다.

진자는 중심에서의 속력이 가장 빠르고, 양 끝점은 속력이 0입니다. 바이킹을 탈 때 중심

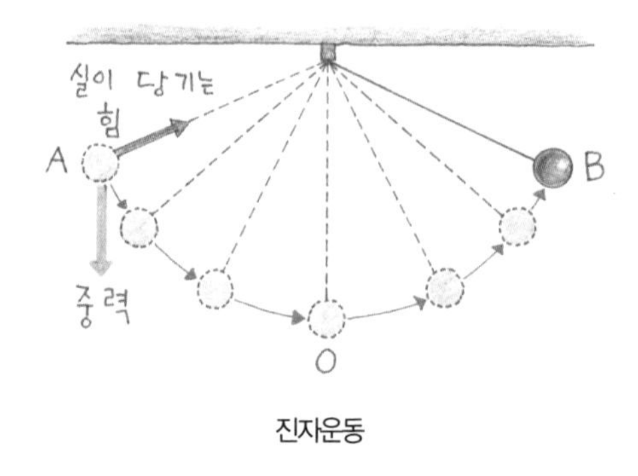

진자운동

(O점)은 휙하고 지나가지만 양 끝점(A, B점)에서는 'put your hands up', 우리가 손 올려 반대편에 인사할 여유도 있잖아요!

놀이터에서의 그네, 시계추 또한 진자운동의 예시랍니다. 바이킹을 재밌게 타는 법은 친구들과 그룹을 나눠서 정 반대쪽에서 서로 얼굴 보면서 'put your hands up'하기, 또 가장 끝점에 타기, 그래야 가장 높이 올라가니까요.

핵심 정리

구분	자이로드롭	대관람차	바이킹
종류	낙하운동	등속원운동	진자운동
속력 변화	일정하게 빨라집니다.	일정	변합니다. (양 끝점이 0, 중심이 빠릅니다.)
방향 변화	일정(아래로만 슝 내려가니까)	계속 변합니다.	왔다 갔다 계속 변합니다.

개념 풀이

1. 다음은 이번 놀이공원에서 볼 수 있는 여러 가지 놀이기구들입니다. 아래에서 설명하는 놀이기구는 무엇일까요?

[답 : 물리 2-8]

(가) 바이킹

(나) 대관람차

(다) 회전목마

(라) 자이로드롭

(마) 무빙워크

① 속력은 일정하고, 방향만 변하는 운동 :

② 속력과 운동 방향이 모두 변하는 운동 :

③ 방향은 일정하고, 속력만 변하는 운동 :

7. 바뀌고 바뀌는 에너지전환 – 롤러코스터

엘쌤이 제일 좋아하는 놀이기구는 롤러코스터랍니다. 처음에 빨라지기 직전까지의 그 스릴과 긴장감, 첫 낙하구간에서는 정말 짜릿한 것 같아요. 대부분 롤러코스터는 처음 빨라지기 직전에 천천히 위로 올라갑니다. 그랬다가 엄청 빨라지면서 내려가고 올라가기를 반복하니까 속력도 계속 변하고 방향도 계속 변합니다.

속력이 빠른 물체는 운동에너지가 크고, 높이가 높은 물체는 위치에너지가 크겠죠?

롤러코스터의 가장 높은 곳은 위치에너지가 가장 큰 곳, 가장 빠른 곳은 운동에너지가 가장 큰 곳입니다. 롤러코스터를 타고 처음 올라갈 땐 높이가 높아지니까 위치에너지가 커질 것이고, 꺅 소리 지르며 내려올 땐 속력이 빨라지니까 운동에너지가 커질 겁니다. 다시 올라가면 또 높이가 높아질테니 위치에너지가 커집니다. 정리하면, 올라갈 땐 운동에너지가 위치에너지로 바뀌고(위로 갈 땐 위치에너지로 바뀐다고 기억하세요), 내려올 땐 위치에너지가 운동에너지로 바뀐답니다.

공식을 기억해요!
운동에너지와 위치에너지

• 운동에너지 : 운동하는 물체가 가지는 에너지입니다.
  에너지의 단위는 역시 J(줄)을 씁니다.

$$\text{운동에너지 (J)} = \frac{1}{2} \times \text{질량(kg)} \times (\text{속력})^2 \text{ (m/s)}$$

예)

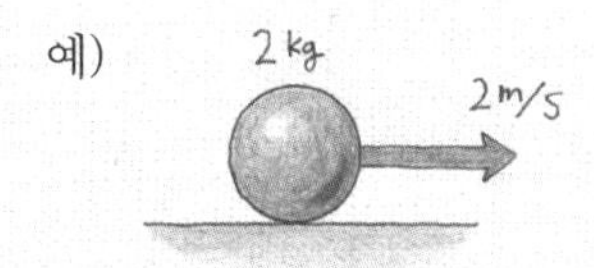

운동에너지 = $\frac{1}{2}$ × 2kg × 2m/s^2 = 4J

• 위치에너지 : 높은 곳에 있는 물체가 가지는 에너지입니다.
  단위는 J입니다.

$$\text{위치에너지 (J)} = 9.8 \times \text{질량(kg)} \times \text{높이(m)}$$

예)

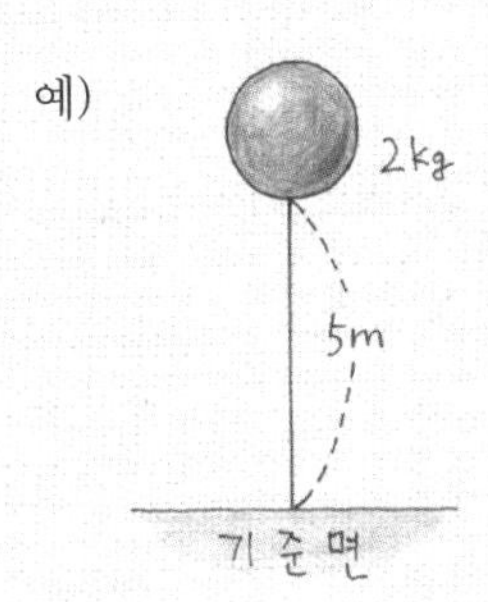

위치에너지 = 9.8 × 2kg × 5m = 98J

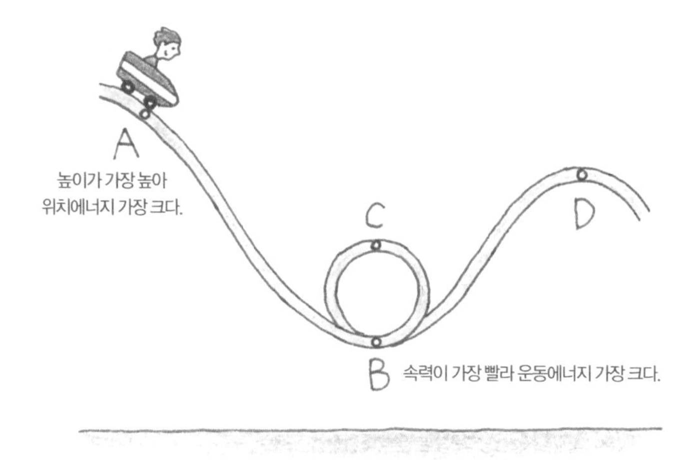

에너지 전환

- A → B : 위치에너지 → 운동에너지
- B → C : 운동에너지 → 위치에너지
- C → B : 위치에너지 → 운동에너지
- B → D : 운동에너지 → 위치에너지

결국 롤러코스터는 이렇게 에너지가 바뀌면서 그 재미로 타는 겁니다. 이 내용은 2학년 과정에서 더 자세하게 공부할거에요. 롤러코스터를 더 재밌게 타는 법은 내려오기 직전에 살짝 발을 들어줘요. 그러면 더 떨어지는 느낌을 받을 수 있을 거예요. 이렇게 과학적 원리를 공부하면서 놀이기구들을 타니까 더 즐겁죠?

핵심 정리

1. 운동에너지 (J) = $\frac{1}{2}$ × 질량 (kg) × (속력 (m/s))^2

2. 위치에너지 (J) = 9.8 × 질량 (kg) × 높이 (m)

3. 물체가 올라갈 때 : 운동에너지 → 위치에너지
   물체가 내려갈 때 : 위치에너지 → 운동에너지

아쉽지만, 이제 놀이공원에서의 소풍은 끝나고 집에 돌아가야 할 시간이에요. 더불어 여러분들과의 7일 동안의 공부도 마무리를 지어야 할 시간입니다. 책을 읽으면서 느꼈겠지만 과학은 우리 주위의 흔하고 쉬운 현상들로 설명할 수 있답니다. 그러니 과학은 늘 여러분의 주위에서 여러분과 함께 하는 쉽고도 익숙한 과목이 될 수 있어요. 앞으로도 여러분 주위에 과학적인 현상과 과학적인 사고가 넘쳐날 수 있기를 바라며, 과학에 관심을 많이 가져 줄거라 믿을게요. 안녕!

개념 풀이

1. 에리가 두 개의 공을 굴려서 운동에너지를 비교하고 있습니다. 공 A는 질량 1kg, 속력 4m/s이고, 공 B는 질량 4kg, 속력 1m/s입니다. 두 공의 운동에너지의 값은 각각 얼마일까요?

[답 : 물리 2-9]

2. 혜식이는 여러 개의 공을 빨래줄에 매달았습니다. 이 중 위치에너지가 가장 큰 것과 가장 작은 것은 각각 무엇일까요?

[답 : 물리 2-10]

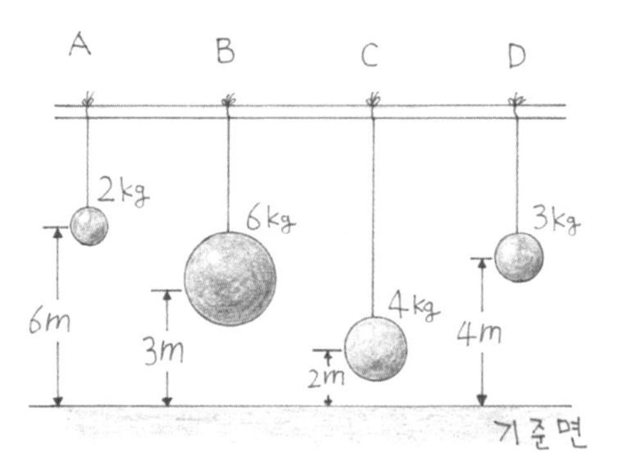

개념 풀이

3. 롤러코스터가 정지 상태인 A점에서 출발해서 C점까지 가는 모습입니다. (   )안에 알맞은 말을 골라보세요.

[답 : 물리 2-11]

A → B구간 (   )에너지가 (   )에너지로 전환된다.

B → C구간 (   )에너지가 (   )에너지로 전환된다.

개념풀이 및 해설

1일 지구과학(1) 우주는 어떻게 만들어졌을까?

[지구과학 1-1] 은하 P. 15

[지구과학 1-2] 풍선을 크게 불수록 풍선에 붙은 스티커의 거리는 서로 멀어지는 것처럼, 우주는 점점 팽창하고 그 우주속의 은하들은 서로 멀어지고 있습니다. P. 15

[지구과학 1-3] 방출 성운 P. 21

[지구과학 1-4] 산개 성단 P. 21

[지구과학 1-5] 막대 나선 은하 P. 21

[지구과학 1-6] 목성 P. 34

[지구과학 1-7] 지구 P. 34

[지구과학 1-8] 토성 P. 35

[지구과학 1-9] 수성 P. 35

2일 지구과학(2) 아름다운 우리 지구

[지구과학 2-1] 대류권-성층권-중간권-열권 P. 50

[지구과학 2-2] 공기 상승 → 부피 팽창 → 기온 하강 → 수증기 응결(물방울 생성) → 구름 생성 P. 50

[지구과학 2-3] 육풍 P. 50

[지구과학 2-4] 봄, 양쯔강기단

우리나라 봄에 영향을 미치는 양쯔강기단의 영향으로 중국에서 이동해 온 황사가 우리나라에 영향을 미치고 있습니다. P. 50

[지구과학 2-5] P. 59

P파	S파
1초에 8km : 빠릅니다.	1초에 4km : 느립니다.
고체, 액체, 기체를 모두 통과	고체만 통과
진폭이 작습니다.	진폭이 큽니다.

[지구과학 2-6] 지각-맨틀-외핵-내핵 P. 59

[지구과학 2-7] 맨틀 대류설 P. 59

[지구과학 2-8] 염류, 바닷물 속에 녹아있는 여러 가지 물질 P. 63

[지구과학 2-9] P. 63

$$\text{염분}(‰) = \frac{\text{염류의 총량(g)}}{\text{해수의 질량(g)}} \times 1000 = \frac{15\text{g}}{500\text{g}} \times 1000 = 30‰$$

[지구과학 2-10] P. 74

① 동쪽으로 갈수록 해 뜨는 시각이 빨라집니다. (독도는 서울보다 해 뜨는 시각이 빠릅니다.)

② 높은 곳으로 올라갈수록 시야가 넓어집니다.

③ 항구로 들어오는 배는 위쪽부터 보이고(A → B → C), 항구에서 멀어지는 배는 아랫쪽부터 사라집니다(C → B → A).

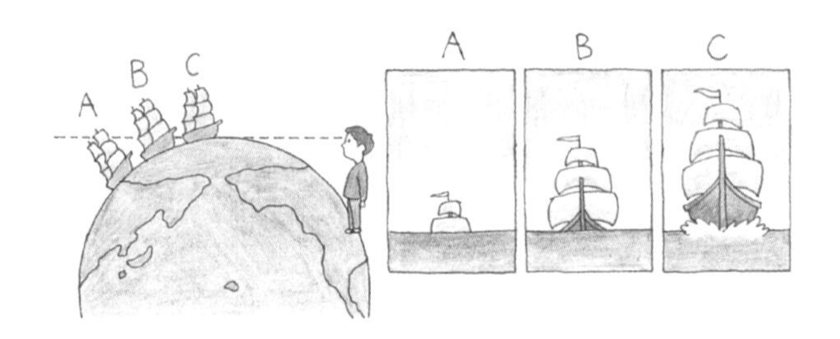

[지구과학 2-11] P. 74

자전 방향 : 서 → 동, 자전 속도 = $\frac{360^\circ}{4시간}$ = 15°/시

[지구과학 2-12] P. 78

A : 상현(오른쪽 반달)   B : 망(보름달) 

C : 하현(왼쪽 반달)   D : 그믐달(왼쪽 손톱달)

E : 삭(보이지 않는다.)   F : 초승달(오른쪽 손톱달)

[지구과학 2-13] A ~ B : 항성월 A ~ C : 삭망월 P. 79

[지구과학 2-14] 달이 지구 주위를 공전하는 동안 지구도 태양 주위를 공전하기 때문입니다. P. 79

3일 생명과학(1) 우리 몸이 교과서! 동물!

[생명과학 1-1] 탄수화물 : 포도당, 단백질 : 아미노산, 지방 : 지방산과 모노글리세리드 P. 92

탄수화물(녹말)은 아밀레이스에 의해서 포도당으로, 단백질은 소화효소에 의해 아미노산으로, 지방은 지방산과 모노글리세리드로 분해됩니다.

[생명과학 1-2]

좌심실-대동맥-온몸의 모세혈관-대정맥-우심방 P. 93

온몸에 산소와 영양소를 공급하고 이산화탄소와 노폐물을 받아오는 순화과정은 온몸순환으로 좌심실에서 시작하여 우심방으로 들어오는 순환과정이지요.

[생명과학 1-3]

① 올라간다. ② 내려간다. ③ 커진다. ④ 작아진다. P. 93

들숨일 때 갈비뼈가 올라가고 가로막이 내려가서 폐의 부피가 커지면 공기가 밖에서 폐로 들어오게 되고, 날숨이 되면 갈비뼈가 내려가고 가로막이 올라가서 폐의 부피가 작아지면 공기가 폐에서 밖으로 나가게 되는 거지요.

[생명과학 1-4] 독성이 강한 암모니아는 간에서 요소로 바뀌어 콩팥을 통해 배설됩니다. P. 93

단백질은 질소 성분을 포함하고 있어 세포호흡의 결과 암모니아를 만들게 됩니다. 이 암모니아는 독성이 강해서 너무 독하기 때문에 간에서 독성이 적은 요소로 바꾼 후 오줌으로 배설하게 되는 것이지요.

[생명과학 1-5] 체세포분열 P. 106

동물은 온몸에서 체세포분열이 일어나 생장, 재생 등이 일어납니다.

[생명과학 1-6] (가) 배란, (나) 착상 P. 107

배란된 난자가 정자와 만나 수정란이 되어 착상하게 되면 그때부터 임신했다고 하지요. 그 후 태반이 형성되어 태아가 자라게 됩니다.

[생명과학 1-7] (가) 수정체, (나) 망막 P. 107

(가)는 수정체로 빛을 굴절시키는 렌즈와 같은 역할을 하고, (나)는 망막으로 여기에 상이 맺힙니다.

4일 생명과학(2) 혼자서도 잘해요! 식물!

[생명과학 2-1] ㉠ 물 ㉡ 빛 ㉢ 포도당 P. 120

[생명과학 2-2] P. 120

① 엽록체 ② 살아 있는 모든 ③ 낮 ④ 항상 ⑤ 방출

⑥ 흡수 ⑦ 흡수 ⑧ 방출

[생명과학 2-3] ① ×, ② ×, ③ × P. 120

① 식물은 광합성을 통해 포도당과 산소를 만들고 포도당이 녹말로 저장되는 거에요.
② 광합성은 빛이 있는 낮에만 일어나지만, 호흡은 항상 일어납니다.
③ 증산작용이 일어나는 곳은 기공이에요. 공변세포 2개가 기공을 만들지요.

[생명과학 2-4] 표면적 P. 127

폐포는 모세혈관과의 표면적을 넓히고, 뿌리털은 흙과의 표면적을 넓힙니다.

[생명과학 2-5] 비커 속 → 당근 컵 P. 127

물은 농도가 낮은 비커 속에서 농도가 높은(설탕물) 당근 컵으로 이동해요.

[생명과학 2-6] 삼투현상 P. 127

[생명과학 2-7] P. 132

공통점 : 세포분열, 차이점 : 생장점(길이생장), 형성층(부피생장)

생장점과 형성층 모두 세포분열이 일어나지만 생장점은 길게, 형성층은 굵게 자라게 해요.

[생명과학 2-8] ① 관다발 안쪽, ② 관다발 바깥쪽,

③ 뿌리에서 흡수한 물과 양분, ④ 잎에서 만들어진 양분 P. 132

[생명과학 2-9] (가) 쌍떡잎식물, (나) 외떡잎식물 P. 132

쌍떡잎식물은 형성층을 가지고 있어 관다발 모양이 규칙적이고, 외떡잎식물은 불규칙하지요.

[생명과학 2-10] P. 135

A 표피, B 울타리 조직, C 해면 조직, D 잎맥, E 기공, F 공변세포

[생명과학 2-11] B, C, F P. 135

엽록체를 가진 구조는 울타리 조직, 해면 조직, 공변세포입니다.

5일 화학 신비로운 화학 여행

[화학 1-1] 분자 P. 142

왜냐면 이산화탄소는 탄소 원자 한 개와 산소 원자 두 개가 결합해서 만들어졌고, 물질의 성질을 갖기 때문에 분자입니다.

[화학 1-2] 2종류의 원소, 질소 원자 1개, 수소 원자 3개 P. 142

암모니아는 질소와 수소로 이루어져 있으니까 원소의 종류는 2종류예요. 그리고 질소 원자 1개와 수소 원자 3개로 이루어져 있다고 대답하면 여러분은 완벽해요.

[화학 1-3] P. 147

	고체	액체	기체
분자 배열	분자들이 규칙적으로 배열되어 있으며, 분자 간 거리가 매우 가깝습니다.	분자들이 비교적 불규칙적으로 배열되어 있으며, 분자간 거리는 약간 멉니다.	분자들이 매우 불규칙적으로 배열되어 있으며 분자간 거리는 매우 멉니다.
모양과 부피	온도와 압력이 변해도 모양은 쉽게 변하지 않습니다.	담는 그릇에 따라 모양이 쉽게 변하지만, 부피는 쉽게 변하지 않습니다.	온도와 압력에 따라 부피와 모양이 모두 쉽게 변합니다.

[화학 1-4] 25ml P. 147

기체는 압력이 높아지면 부피가 감소하죠? 압력이 2배가 되면 부피는 $\frac{1}{2}$이 되고, 압력이 4배가 되면 부피는 $\frac{1}{4}$이 됩니다. 그래서 압력이 1기압에서 4기압으로 4배가 되었으므로 부피는 $\frac{1}{4}$이 되니까 100ml × $\frac{1}{4}$ = 25ml가 됩니다.

[화학 1-5] A : 융해, B : 응고, C : 기화, D : 액화,

E : 승화(기체 → 고체) F : 승화(고체 → 기체) P. 152

[화학 1-6] P. 152

가열할 때 일어나는 상태 변화 : A, C, F

냉각할 때 일어나는 상태 변화 : B, D, E

[화학 1-7] ① 액화, ② 기화, ③ 승화 : 고체 → 기체 P. 153

[화학 1-8] 세 종류 P. 155

같은 물질이라면 끓는점이 같겠죠? 그래서 C와 D는 끓는점이 같아서 서로 같은 종류의 물질이에요. B와 A는 끓는점이 서로 다르니깐 각각 다른 물질인거죠. 그래서 물질의 종류는 C와 D 한 종류. 그리고 A. B. 이렇게 세 종류입니다.

[화학 1-9] D > C P. 155

C와 D는 같은 물질로 끓는점은 같지만 끓기 시작한 시간이 서로 다르죠? 이것은 서로 양이 다르다는 말씀! 이때 C의 그래프는 평평한 부분이 빨리 나타나있죠? 물질이 빨리 끓기 시작했기 때문이에요. 그러니까 C의 질량은 작은 것이고, D는 더 늦게 끓었기 때문에 질량이 더 큽니다.

[화학 1-10] 홑원소 물질 : 질소와 수소. 화합물 : 암모니아 P. 158

홑원소 물질은 한 종류의 원소로 이루어진 물질이니까 질소와 산소가 홑원소 물질이에요. 화합물은 두 종류 이상의 원소로 이루어진 물질이니까 질소와 수소로 이루어진 암모니아가 화합물입니다.

[화학 1-11] P. 162

밀도의 크기가 스타이로폼 < 물 < 모래이기 때문입니다.

물보다 밀도가 작은 스타이로폼은 물 위에 뜨고, 물보다 밀도가 큰 모래는 아래로 가라앉은 거예요.

[화학 1-12] 20 P. 162

용해도란 '어떤 온도에서 용매 100g에 최대로 녹을 수 있는 용질의 g수'잖아요? 물은 용매, 고체 물질 A는 용질이에요. 이때 물 50g에 고체 A는 최대 10g이 녹으니까 물 100g에는 최대 20g이 녹겠죠? 그래서 용해도는 20이 되는 거예요. 그리고 용해도에는 단위가 없기 때문에 단위는 쓰지 않아도 됩니다.

[화학 1-13] B와 D P. 167

혼합물 X의 크로마토그래피가 물질 B와 D의 성분과 일치하죠? 그 이유는 X에 B와 D가 포함되어 있기 때문입니다.

[화학 1-14] 용해도 차이 P. 167

기름을 잘 녹이는 용매를 사용해서 기름때를 제거하는 거예요. 이렇게 특정 성분을 잘 녹이는 용매를 사용하여 물질을 분리하는 방법을 용해도 차이를 이용한 추출이라고 합니다.

[화학 1-15] P. 176

- 화학 변화 : 양초를 태웁니다.
- 물리 변화 : 양초의 촛농이 굳는 것을 확인합니다. 양초를 잘라 봅니다.

[화학 1-16] $N_2(g) + 3H_2(g) \rightarrow 2NH_3(g)$ P. 177

[화학 1-17] P. 177

- 질량보존법칙 : (가)에서 B 2개의 질량과 N 6개의 질량의 합은 10g입니다. (나)에서도 B와 N의 총 질량은 10g으로 결합 전과 후 B와 N의 총 질량은 같습니다.
- 일정성분비의 법칙 : B와 N는 1 : 2의 개수비로 결합하므로 두 개의 너트는 결합하지 않고 남습니다. B와 N의 결합비는 1:2로 일정합니다.

[화학 1-18] 산화-환원 반응 : ①번과 ②번

③번은 산소를 잃거나 얻지 않았으므로 산화-환원 반응이 아닙니다. P. 180

[화학 1-19] 산화된 물질 : H_2, 환원된 물질 : CuO P. 180

6일 물리(1) 아는 만큼 보인다! 빛, 전기, 자기장!

[물리 1-1] 전등에서 나온 빛이 책에서 반사되어 눈으로 들어왔습니다. P. 196

빛이 우리 눈으로 들어와야 물체를 볼 수 있지요. 책은 광원이 아니기 때문에 광원에서 나온 빛이 책에서 반사된 후 그 빛이 우리 눈에 들어오는 것입니다.

[물리 1-2] 오목거울 P. 196

거울을 오목한 모양으로 배열해서 빛이 반사되어 빛을 모았던 거에요. 오목거울의 원리를 이용하면 무인도에 혼자 남아도 불을 지필 수 있어요.

[물리 1-3] 보이는 위치보다 아래쪽으로 던집니다. P. 196

물고기는 빛의 굴절로 인해 조금 더 위로 떠 보이거든요. 그러니 실제 있는 위치는 좀더 아래쪽이에요. 그래서 보이는 위치보다 좀 더 아래로 던져야 물고기를 잡을 수 있습니다.

[물리 1-4] 반, 반, 굴, 굴, 반 P. 197

자동차의 측면 거울은 볼록거울을 이용했고, 영화관의 스크린은 난반사가 일어나 빛이 여러 방향으로 반사되어 모든 좌석에서 영화를 볼 수 있어요.

[물리 1-5] (-) 전하 P. 204

서로 다른 두 물체를 마찰시키면 한 물체가 전자를 잃으면 다른 물체를 전자를 얻어요. 털로 된 옷이 (+) 전하를 띠니 전자를 잃었다면 안경은 전자를 얻어 (–) 전하를 띠게 되겠죠.

[물리 1-6] A → B P. 204

플라스틱 막대는 (–)를 띠기 때문에 금속막대에 있는 전자가 플라스틱 막대에서 마구마구 도망가요. 최대한 멀리 도망가려면 A에서 B로 가게 되지요.

[물리 1-7] 8V P. 212

옴의 법칙에 의해 전압 = 전류 X 저항 = 2A X 4 Ω = 8V 에요. 엄청 쉽죠?!

[물리 1-8] ㉠ 1.5A, ㉡ 6Ω, ㉢ 10V P. 212

(1) 회로에서 전류 $= \frac{\text{전압}}{\text{전기저항}} = \frac{3V}{2\Omega} = 1.5A$에요.

(2) 회로에서 전기저항 $= \frac{\text{전압}}{\text{전류}} = \frac{30V}{5A} = 6\Omega$이구요.

(3) 회로에서 전압 = 전류 X 전기저항 = 20A X 0.5 Ω = 10V가 되지요.

[물리 1-9] P. 213

가장 높은 전압 : (가), 가장 오래 사용 : (라)

전지를 직렬로 연결할 때 가장 높은 전압을 얻을 수 있고요, 모두 병렬로 연결하면 가장 오랫동안 사용할 수 있습니다.

[물리 1-10] 동쪽 P. 222

오른손 엄지를 위로 쭉! 네 손가락으로 도선을 감아쥐면 나침반의 N 극이 오른쪽을 가리키겠죠? 그래서 동쪽이에요.

[물리 1-11] A P. 222

오른손의 네 손가락을 전류의 방향으로 감아쥐면 오른손 엄지가 딱! A를 가리키네요!

[물리 1-12] 바깥쪽 P. 223

전류의 방향으로 엄지를, 자석의 N극에서 S극으로 네 손가락을 쫙 펴주면 손바닥이 말굽 자석의 바깥쪽을 향하네요! 참 잘 했어요!

7일 물리(2) 놀이공원이 학교? 힘과 운동!

[물리 2-1] 동쪽, 20N P. 234

오른쪽이 동쪽이고 화살표 즉, 힘이 동쪽을 향하니까 힘의 방향은 동쪽이구요. 한 칸이 10N인데 화살표가 두 칸에 걸쳐져 있으니 힘의 크기는 20N이 되죠.

[물리 2-2] P. 234

(가) 합력의 크기 : 16N, 합력의 방향 : 오른쪽

(나) 합력의 크기 : 4N, 합력의 방향 : 오른쪽

아버지와 동생이 같은 방향으로 책상에 힘을 주면 (가)와 같이 두 힘을 더해서 합력을 구하죠. 아버지는 당기는데 동생은 뒤에서 당기면 (나)와 같이 두 힘을 빼서 합력을 구하면 됩니다.

[물리 2-3] 20J P. 240

일의 양 = 힘 × 이동거리 = 20N × 1m = 20J이지요.

[물리 2-4] 0 P. 241

과학에서 말하는 일에는 힘과 힘의 방향으로 이동한 거리가 있어야 하는데 혜식이는 힘은 줬지만 이동거리가 없어요. 그래서 일의 양은 0입니다.

[물리 2-5] 50초 P. 241

공식에 넣어서 풀어요. 시간 = $\frac{거리}{속력} = \frac{100}{2}$ = 50초지요.

[물리 2-6] P. 247

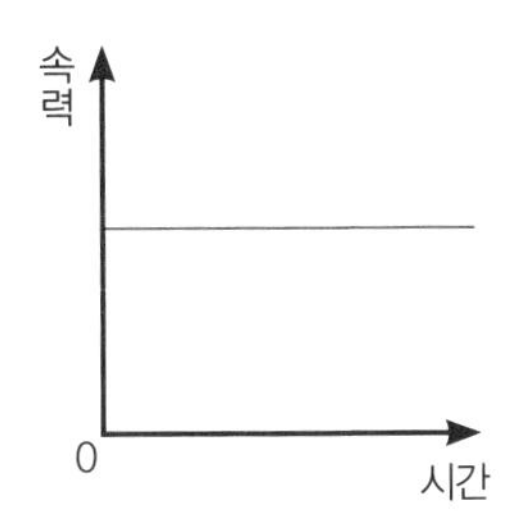

에스컬레이터는 등속직선운동이라서 속력은 처음부터 끝까지 같습니다.

[물리 2-7] (나) P. 247

차가 앞으로 움직이다가 갑자기 정지하면 우리 몸은 앞으로 쏠리죠. 그래서 안전벨트를 꼭 해야 해요.

[물리 2-8] ① 나, 다 ② 가 ③ 라 P. 253

무빙워크는 속력과 방향이 모두 일정한 등속직선운동이지요.

[물리 2-9] A : 8J, B : 2J P. 258

운동에너지 공식에 넣어서 계산하면,
공A 운동에너지 $= \frac{1}{2} \times 1 \times 16 = 8J$, 공B 운동에너지 $= \frac{1}{2} \times 4 \times 1 = 2J$에요.

[물리 2-10] P. 258

위치에너지가 가장 큰 것 : B, 위치에너지가 가장 작은 것 : C

공B 위치에너지 = 9.8 × 6kg × 3m로 가장 크고, 공C 위치에너지 = 9.8 × 4kg × 2m로 가장 작아요.

[물리 2-11] 위치, 운동, 운동, 위치 P. 259

A → B 구간은 내려오고 있으니까 점점 빨라져요. 위치에너지가 운동에너지로 바뀌고,
B → C 구간은 올라가고 있으니까 높아지죠. 운동에너지가 위치에너지로 바뀌는 거에요.

7일 만에 끝내는 중학 과학

초판 1쇄 발행 2016년 3월 1일
초판 2쇄 발행 2017년 8월 30일

지은이 강에리, 이혜식
펴낸이 한승수
펴낸곳 문예춘추사

편 집 조예원
마케팅 안치환
디자인 김선영

등록번호 제300-1994-16
등록일자 1994년 1월 24일

주 소 서울시 마포구 동교로27길 53 지남빌딩 309호
전 화 02 338 0084
팩 스 02 338 0087
E-mail moonchusa@naver.com

ISBN 978-89-7604-286-6 44400
978-89-7604-285-9 (세트)